# Ett holografiskt universum: En introduktion

Skriven av:

**Brahma Kumari Pari,**

LL.B. (Hons.)(London), LL.M (Wol.), Ph.D.

Hemsidor:

http://www.gbk-books.com (För lista över böcker)
http://www.brahmakumari.net (För artiklar som kan läsas gratis)

Översatt av:

Nicolle Abika

niicole_7@hotmail.com

"Ett holografiskt universum: En introduktion"
Författad av Brahma Kumari Pari

Distribueras av Babelcube, Inc.
www.babelcube.com
Översatt av Nicolle Abika

# Innehållsförteckning

Introduktion

Om författaren

Kapitel 1: Introduktion till det holografiska universum

Kapitel 2: Naturens 2D världsdramat och tidscykeln

Kapitel 3: Världsdrama och själavärlden

Kapitel 4: Den subtila världsdramat

Kapitel 5: Rollen av kausala energier i det holografiska universum

Kapitel 6: Det subtila livsdramat

Kapitel 7: Manusmriti 1.5 – En beskrivning av mörka kvantenergier i den mörka kvantvärlden

Kapitel 8: Ljuskvantum och fotoner

Kapitel 9: Den verkliga världen och den holografiska världen

Kapitel 10: Att se världen

Kapitel 11: Holografisk film av hologram (3D SVD)

Kapitel 12: Manusmriti 1.7 - Skapande av Holografiska Varelser

Kapitel 13: Aura, chakras och virvlar

Kapitel 14: Världsdensitet

Kapitel 15: Subtila upplevelser och nära dödsupplevelser i en mörk miljö

Kapitel 16: Kosmiskt medvetande och andra dimensioner

Kapitel 17: Subtila Upplevelser under den andra halvcykeln
Kapitel 18: Mötesålderns subtila region och subtila kroppar
Figur 1
Figur 2
Andra böcker skrivna av Brahma Kumari Pari

# Introduktion

Läs denna bok med avsikt att förstå djupet i det som förklaras. Betrakta boken inte bara som "läsmaterial" för att kunskap om det holografiska universum. Utan fortsätt att fundera över vad författaren skriver tills du upplever och förstår vad som sägs om det holografiska universum. Att hålla ett öppet, tydligt sinne (medan du visualiserar vad som läses) hjälper dig att uppleva vad författaren har upplevt och/eller du kan ha andra relevanta upplevelser. Som en konsekvens kommer du att kunna förstå vad författaren förklarar. Din förmåga att få erfarenheter i det holografiska universum kommer att öka när du fortsätter att läsa denna bok om och om igen tills du har förstått den.

Njut av läsupplevelsen!

# Om författaren

Författaren till denna bok är engagerad i att skriva artiklar och böcker om:

1. det holografiska universum.

2. hennes andliga upplevelser i dimensionerna av det holografiska universum.

3. kvantenergier som ingår i det holografiska universum.

4. olika religiösa kunskaper som återspeglar existensen av det holografiska universum.

5. Brahma Kumaris Raja Yoga, meditationspraxis, historia etc.

Sedan hon var en liten flicka läste hon allmänt om hinduiska skrifter, meditation och yoga, etc. År 1994 introducerades hon till Brahma Kumaris. Sedan dess har hon haft många upplevelser i dimensionerna av det holografiska universum. Hon började skriva artiklar 1996. Hennes första bok "Holographic Universe: An Introduction" publicerades i januari 2015. Hennes andra bok "Grow Rich while Walking into the Golden Aged World (with Meditation Kommentaries)" publicerades i oktober 2016. Författaren har också skrivit andra böcker. Författaren planerar att fortsätta skriva många fler böcker.

# Kapitel 1: Introduktion till det holografiska universum

Vi lever i två typer av världar: det holografiska universum och den verkliga världen. Båda, det holografiska universum och den verkliga världen, är en del av den korporala världen. Den verkliga världen består av allt som vi är bekanta med i den fysiska världen: jorden, våra fysiska kroppar etc. Det holografiska universum består av allt det som inte är "materiellt" i naturen. det holografiska universum består av:

1. Kvantvärlden,
2. Den subtila ljusvärlden, och
3. Det subtila världsdramat

Kvantvärlden är fylld med kvantenergier och har många kvantdimensioner. Den subtila ljusvärlden (hädanefter kallad "SLV") består av:

1. **Ljusenergier** av alla kvantenergier (som de har **istället** för att ha en själ). Jag har hänvisar till dessa *ljusenergier* som kvantenergiernas "ljus" (KE ljus) i kapitel 8 i denna bok.

2. **Ljusenergi** former av naturen (som de har **istället** för att ha en själ). KE-ljusenergier tillhandahåller dessa för dem. I Guds meddelanden, och därför i Brahma Kumaris, har det sagts att naturen inte har en "själ". Det har sagts att de bara har "ljus" istället. Så detta "ljus", som jag har refererat till som "KE ljus", är inte en själ.

3. Alla mänskliga själar som är i fysiska värld.

4. Alla animaliska själar.

5. Rena subtila dimensioner/miljöer som människans själar använder i SVL.

Det subtila världsdramat (hädanefter kallat "SVD") består av ett 2D subtilt världsdrama, 3D Subtilt världsdrama och naturens 2D världsdrama.

Det 2D subtila världsdramat (hädanefter kallad "2D SVD") har en kort redogörelse om allt som kommer att hända oss, i alla våra liv på jorden. Det 2D SVD har en kort redogörelse för vad som finns i:

1. Världsdramat som finns inom den högsta själen (Gud) och

2. Världsdramat som finns inom alla mänskliga själar.

Allt som händer på jorden händer också i ett 3D subtilt världsdrama (nedan kallat "3D SVD") i en holografisk form. Skapandet av den verkliga världen sker genom SVD.

Det finns många *KE-ljus och kvantdimensioner* i SVD som är involverade i att realisera den verkliga världen. Från 3D SVD manifesterar *KE-ljus och kvantenergier* som fysiska former i den verkliga världen. *KE-ljus- och kvantenergier*, som är närmast den fysiska världen, förser en värld som ser ut precis som den fysiska världen eftersom de är partiklar. De tätaste energierna ger den verkliga världen som vi lever i nu. Den verkliga världen är gjord av verkliga partiklar. Längre bort från den verkliga världen finns *KE-ljus och kvantdimensioner* som består av kvantpartiklar. Ett steg längre bort från kvantpartiklarna, i 3D SVD, finns kvantdimensionerna som består av **kvantvågor som är involverade i att materialisera den verkliga världen**. Var och en av dessa dimensioner är som en egen värld.

Även om det är som om de mindre täta dimensionerna är längre bort från den verkliga världen, upptar alla dessa dimensioner samma utrymme som den verkliga världen.

Längre bort från *vågvärlden*, som är involverad i skapelseprocessen, ligger 2D SVD med dess avtryck på KE-ljusenergier. Den verkliga världen materialiseras baserat på vad som finns i avtryck av denna 2D SVD. Längre bort, från 2D SVD, är dimensionerna av:

1. KE-ljusenergier i SVL som inte är involverade i skapelseprocessen.

2. Kvantenergierna i kvantvärlden som **inte** är involverade i skapelseprocessen.

Man kan säga att alla olika typer av *KE-ljus- och kvantenergier* är i olika kvantdimensioner. Alla *KE-lju- och kvantdimensioner* existerar permanent eftersom den fysiska världen finns permanent.

Inom **varje** mänsklig kropp finns en själ. Enligt kunskapen om Brahma Kumaris är själen en punkt med vitt levande **ljus**. Eftersom att själen består av **ljus** är själen en del av SVL. Vi är själarna och inte de fysiska kropparna. När jag använder ordet "själar" hänvisar jag normalt till "mänskliga själar".

Inom varje djur finns också en själ. När jag använder orden "animaliska själar" hänvisar jag till själarna inom djuren.

Eftersom SVL består av **ljusenergier**, är alla själar i en metafysisk dimension inom SVL. Mer förklaringar på SVL finns i de sista kapitlen i denna bok. Allt det som kort förklarats i detta kapitel förklaras ytterligare i de efterföljande kapitlen i denna bok.

# Kapitel 2: Naturens 2D världsdrama och tidscykel

Naturens 2D-världsdrama (nedan kallad 2D VD eller *Naturens 2D VD*) finns i det holografiska universum, eftersom avtryck av 2D VD finns i KE-ljusenergier. Dessa avtryck finns i all oändlighet i KE-ljusenergier eftersom naturen existerar i all oändlighet.

2D VD förse den *linjär tiden* eftersom naturen existerar i all oändlighet. Det 2D SVD förser å andra sidan den cykliska tiden. Denna *tidscykel* är i enlighet med kunskapen om Brahma Kumaris.

Tidscykel handlar om hur "tid" rör sig på ett cykliskt sätt genom 6 åldrar, i följande ordning:

1. Guldåldern (Satyug).

2. Silveråldern (Tretayug).

3. Centrala mötesåldern. Detta är sammanflödet mellan silver- och kopparåldern.

4. Kopparåldern (Dwapuryug).

5. Järnåldern (Kaliyug).

6. Mötesåldern (Sangamyug). Detta är sammanflödet mellan järn- och guldåldrar.

Enligt kunskapen om Brahma Kumaris är den högsta själen (Gud) en punkt med vitt levande ljus. Guds andliga styrka är som ett hav medan den andliga styrkan hos människans själ är som en droppe i jämförelse. Det finns en förteckning över världsdramat inom Gud och alla mänskliga själar. Världsdramat inom Gud består av mer information än världsdrama djupt i varje mänsklig själ.

I slutet av varje 2D SVD skapas en ny 2D SVD när intryck av *världsdramat som finns inom Gud och alla mänskliga själar* är kvar i KE-ljusenergierna. Samma världsdrama är intryckt som 2D SVD, i slutet av varje tidcykel, så "tid" upprepas på ett cykliskt sätt. De mänskliga själarna är förvirrade i denna 2D SVD, när de befinner sig i den fysiska världen.

*Kunskapen om Brahma Kumaris* ger betoning på cyklisk "tid" eftersom Brahma Kumaris är involverade i att förbereda de mänskliga själarna för världsomvandling. När "världsomvandlingen" äger rum, börjar en ny tidcykel. Enligt kunskapen om Brahma Kumaris **existerar naturen i all oändlighet** i den korporalvärlden. Denna eviga existens förser en linjär tid.

Det 2D VD har ett intryck och information för existensen av djur, växter och allt annat i naturen. Information om hur naturen skulle se ut, i cykelns ålder, finns i *världsdramat inom Gud*. Denna information är intryckt i 2D SVD, i slutet av varje cykel; dessa avtryck ger naturens roll i nästa nya cykel. Eftersom kvantenergier måste realisera den verkliga världen baserat på vad som finns i 2D SVD, tillhandahålls också cyklisk tid.

*Djurens och växternas andliga tillstånd* är beroende av det andliga tillståndet för alla mänskliga själar på jorden. Till och med naturens **roll** kommer att baseras på det andliga tillståndet för mänskligheten på jorden. Den andliga styrkan hos mänskliga själar fortsätter att minska genom cykeln och sedan, vid slutet av cykeln, lyfter Gud upp mänskligheten. Detta upprepar hela tiden på ett cykliskt sätt och det påverkar naturen.

Det är som om den cykliska 2D SVD rör sig på den linjära 2D VD. Dock är 2D SVD sammansvetsat med Naturens 2D VD. Det kan sägas att den cykliska 2D SVD är i ett kombinerat tillstånd med Naturens 2D VD.

Tidens linjära och cykliska karaktärer, för naturen och det mänskliga världsdramat har återspeglats genom Maya Long Count-kalendern, hindu-cykeln, etc. Även om naturen har en linjär tid kan man säga att den är cyklisk också **när tiden är baserad på den kosmologiska cykeln**. Hindu-cykeln är en kosmologisk cykel.

I de forntida hinduiska texterna framställdes också *KE-ljuset och kvantenergierna* som Brahma eftersom *KE-ljuset och kvantenergierna* är involverade i skapandet av den verkliga världen på ett cykliskt sätt. Därför återspeglar "Brahma", till vilken den hinduistiska kosmologiska cykeln var förknippad med samt *KE-ljuset och kvantenergierna*. I de forntida hinduiska texterna används ofta ordet "**Gud**" (eller motsvarande, inklusive "Brahma") **som ett koncept** som inkluderar:

1. ***KE-ljus och kvantenergier*** (på grund av dess roll för skapande, underhåll och förintelse processer, dvs Brahma, Vishnu och Shanker-aspekter).

2.**Världsdramat** som inkluderar SVD, "tid" (som tillhandahålls genom 3D SVD som strömmar längs 2D SVD), naturen och dess 2D VD, *världsdramat inom Gud och alla mänskliga själar*, och allt annat relaterat till världsdramat vilket inte redan har nämnts.

3. Det **holografiska universum** och allt annat i det holografiska universum som inte har nämnts specifikt.

4. **Gud** (den högsta själen).

5. De mänskliga själarna som spelade en roll som **Guds instrument**, från den tidigare mötesåldern till slutet av cykeln.

6. Alla mänskliga själar (generellt).

7. Mer än en, eller alla, av ovanstående

I hindu-myterna har *KE-ljus och kvantenergier* förmågan att skapa, upprätthålla och förintas beskrivits som Brahma, Vishnu och Shanker. Det har framställts att alla dessa tre gudar är anslutna, eller är "en", för att återspegla hur kvantenergierna fungerar som "en" medan de utför det som måste göras enligt 2D SVD. Skildringen av att **alla dessa tre gudar måste spela sina roller för den mänskliga världen** återspeglar hur *KE-ljuset och kvantenergierna* måste använda alla tre funktionerna för vad som måste existera i den verkliga världen. De tre funktionerna **är baserade på naturlagarna som tillhandahålls av 2D VD** så att kvantenergier kan skapa, upprätthålla och förintas enligt 2D SVD. Förekomsten eller manifestationen av den verkliga världen är baserad på vad som finns i 2D VD, 2D SVD och *världsdramat inom Gud och alla mänskliga själar.*

# Kapitel 3: Världsdrama och själavärlden

När jag använder orden "världsdrama" hänvisar jag till **ett**, **flera** eller **alla** av följande:

1. Världsdramat som äger rum på jorden.
2. Det 2D SVD.
3. Den holografiska filmen eller 3D SVD. Detta sker i det holografiska universum, eftersom världsdrama äger rum på jorden.
4. Naturens 2D VD.
5. Världsdramat som finns inom Gud och alla mänskliga själar.

*Världsdramat i Gud och alla mänskliga själar* blir *världsdrama på jorden* genom 2D SVD och 3D SVD. 2D VD hjälper till med att *skapa världsscenen* för de mänskliga själarna som deltar i världsdramat på jorden. Världssteget materialiseras genom 2D SVD och 3D SVD. Eftersom allt världsdrama (världsdrama *i gud och alla mänskliga själar*, 2D SVD, 3D SVD, naturens 2D VD och världsdrama på jorden) är anslutna till varandra, kan de tillsammans kallas "världsdrama".

Själavärlden och *världsdramat på jorden* är inte en del av det holografiska universum. Dessa måste emellertid förstås för att förstå mina förklaringar om det holografiska universum.

Enligt kunskapen om Brahma Kumaris är själavärlden den metafysiska världen som är Guds hem och alla människors själar. Mänskliga själar lämnar sitt hem (själavärlden) för att komma in i den fysiska världen och spela sina roller i *världsdramat på jorden.*

Själar är i deras rena, dygdiga tillstånd när de befinner sig i självärlden, men själar upplever och njuter **inte** av deras rena tillstånd eller lycka, medan de befinner sig i självärlden; mänskliga själar kan bara njuta av lycka i den fysiska världen genom att använda den fysiska kroppen. Själar använder endast en kropp när de deltar i *världsdramat på jorden.*

Den fysiska världen (inklusive jorden) är vårt världsstadie där vi njuter av lycka. Alla mänskliga själar måste komma in i den fysiska världen för att spela sina delar *i världsdramat på jorden.* De upplever lycka genom att leva sina liv på jorden.

Mänskliga själar "lever" i *världsdramat på jorden.* De är inte "levande" om de existerar som spöken under andra halvcykeln. Själar är inte heller "levande" när de är i självärlden. Mänskliga själar vilar bara i självärlden. För att "leva" måste man utföra handlingar som görs i ett drama. Inga handlingar utförs i självärlden. Handlingar kan endast utföras i den fysiska världen, medan man deltar i *världsdramat på jorden.* Man behöver en fysisk kropp för att utföra handlingar. Själar har ingen fysisk kropp i självärlden.

*Världsdramat som äger rum på jorden* är en förutbestämd film; vi är alla aktörer i detta *världsdrama som äger rum på jorden.* På liknande sätt som vi ser skådespelare som spelar sina roller när en film spelas, spelar alla människor bara sina roller i världsdramat (baserat på vad som finns i 2D SVD och baserat på vad som finns i *världsdramats djup inom själarna*). Därför är vi som dockor som spelar våra roller i *världsdramat på jorden.*

Även om vi måste spela våra roller enligt det förutbestämda världsdramat, har vi "fri vilja" i viss mån. Till exempel har den mänskliga själen "fri vilja" att välja mellan att använda dygder eller laster. Denna förmåga att använda fri vilja är också en del av världsdramat.

Eftersom världsdramat är en förutbestämd film kan vissa människor förstå vad som kommer att hända i framtiden, även innan det händer. Det de såg kan hända, exakt det som sågs, för vi lever i det förutbestämda världsdramat. De såg vad som existerar i Akashic Records. Akashic Records består av poster som finns i:

1. Det 2D SVD,
2. Världsdramat inom Gud, och
3. Världsdramat djupt i alla mänskliga själar.

Vi kan bara se vad som existerar i *världsdramat inom Gud* när **Gud ger oss visioner** baserade på vad som finns där. Gud ger bara visioner enligt *världsdramat.* Visionen som Gud ger till en person kommer att baseras på personens trossystem, önskningar etc. Trossystem skapades, från tidpunkten för den centrala mötesåldern, enligt *världsdramat.* Man accepterar ett specifikt trossystem enligt världsdramat. Man ser visioner baserade på **vilken som helst tro** som man har, även om tron inte var baserad på ett trossystem. Till och med sådana visioner ses bara enligt *vad som existerar i världsdramat.*

Folk ser visioner om Akasha krönikan som livets bok etc., baserat på trossystemen och på vad som finns i världsdramat. Det som finns i Akasha krönikan blir verklighet som *världsdramat på jorden.*

"Tid" existerar inte i själavärlden eftersom världsdramat inte äger rum där. "Tid" existerar bara på jorden där världsdramat äger rum. Den kunskap som Brahma Kumaris förvärvade uttalar att **samma världsdrama fortsätter att upprepa** som tidscykeln fortsätter att upprepa. Världsdrama börjar *i början av guldåldern* och slutar *i slutet av mötesåldern.*

Guld- och silveråldern är under *första halvcykeln*. Det finns en perfekt värld, i världsdramat, under första halvcykeln.

Under den centrala mötesåldern är världsdramat sådan att världen förvandlas från det perfekta tillståndet till ett bristfälligt tillstånd. Jag är involverad i att förklara vad som hade hänt under centrala mötesåldern eftersom att det var menat att jag skulle göra det (enligt världsdramat).

Koppar- och järnåldern befinner sig i *andra halvcykeln*. Det finns en bristfällig värld, i världsdramat, under andra halvcykeln.

Under mötesåldern omvandlas världen från det bristfälliga tillståndet till det perfekta tillståndet. Medlemmarna i Brahma Kumaris är involverade i världsomvandling, i mötesåldern. Detta händer också enligt världsdramat eftersom alla mänskliga själar spelar sina roller på jorden enligt världsdramat.

*Världsdramat som ligger djupt i alla mänskliga själar* är precis som världsdramat som äger rum på jorden. Världsdramat djupt inuti en själ har emellertid bara en film med inkarnationerna i den själen. Detta blir intryckt kort som en del av 2D SVD, i slutet av cykeln, när *världsdramat inom Gud* också blir intryckt i viss omfattning som 2D SVD.

*Världsdramat inom Gud* och alla mänskliga själar måste upprepa på ett cykliskt sätt. Således är det 2D SVD ett intryck av världsdramat som måste fortsätta att upprepa. När den nya tidscykeln börjar, så börjar också det nya världsdramat.

I slutet av varje cykel lämnas intryck av *världsdramat som ligger djupt inom Gud och alla mänskliga själar* på KE-ljuset (som 2D SVD). Vad som måste göras av kvantenergierna, för mänskligheten i den fysiska världen, är baserat på vad som spelas in i 2D SVD. Mänskliga själar kommer in i den fysiska världen, från självärlden, baserad på vad som är registrerat i:

1. det 2D SVD,
2. Världsdramat inom Gud, och
3. Världsdramat inom mänskliga själar.

Därefter, enligt världsdramat, i slutet av varje cykel, kommer Gud in i den fysiska världen och tar alla själar tillbaka till självärlden. Gud och alla mänskliga själar, som är i själavärlden, är inte i det holografiska universum när de befinner sig i själavärlden eftersom det holografiska universum är en del av den fysiska världen; själavärlden är inte en del av den fysiska världen.

Mänskliga själar, som befinner sig i den fysiska världen, är en del av det holografiska universum eftersom själar består av metafysiska ljusenergier som inte är "materiella" i naturen. *Världsdramat djupt i människans själ* är intryckt av själens ljusenergier i en holografisk form. Baserat på vad som finns i dettaa holografiska *världsdrama inom själen* och baserat på vad som finns i 2D SVD i det holografiska universum, genomför själen handlingar i världsdramat på jorden. Det "holografiska" förvandlas till en verklighet på jorden genom världsdramat.

# Kapitel 4: Det subtila världsdramat

SVD består av:

1. Det 2D SVD,
2. Det 3D SVD, och
3. Naturens 2D VD.

Vanligtvis, när jag refererar till SVD, refererar jag till 2D SVD och 3D SVD. Det 3D SVD är den subtila filmen i det holografiska universum som vi alla är involverade i när vi lever våra liv på jorden; allt som händer i den här subtila filmen händer också på jorden.

Holografiska universum materialiserar vad som finns i 2D SVD som världsdramat på jorden. Världsdrama som äger rum på jorden och i 3D SVD är desamma. De inträffar samtidigt. Den enda skillnaden är att 3D SVD är holografisk medan världsdramat på jorden är den materiella formen av samma drama. Allt som händer i världsdramat på jorden och i 3D SVD är exakt som det är i 2D SVD. När vi spelar våra roller, i den holografiska 3D SVD och på jorden, registreras mer i 2D SVD som tidigare händelser.

Alla själar, som befinner sig i den fysiska världen, är sammankopplade med 2D SVD; det är som om de alla är anslutna. Det är också som om varje själ går längs en annan väg, i 2D SVD, medan de tar många inkarnationer. I 2D SVD korsar de mänskliga själens vägar varandra när själarna träffas eller göra något tillsammans på jorden. Följaktligen ger deras vägar den

2D SVD ett webbliknande utseende. Således hänvisar jag också till den här 2D SVD som det webbliknande subtila världsdramat eller som det webbliknande 2D SVD.

De mänskliga själarna finns i SVL, men de spelar en roll tillsammans med KE-ljuset och kvantenergierna i SVD, eftersom de är kombinerade med KE-ljuset och kvantenergierna. Denna kombinerade roll har återspeglats i hindu-myterna som Ardhanarishvara. Hälften av Ardhanarishvara är manlig (Shanker) den andra hälften är kvinnlig (Parvati). KE: s ljus- och kvantenergier har framställts som den kvinnliga halvan. Den manliga halvan representerar de mänskliga själarna, i det holografiska universum. KE ljus- och kvantenergier och de mänskliga själarna spelar sina roller tillsammans genom det holografiska universum eftersom:

1. De mänskliga själarnas energier sammanfogas i eller sammankopplas med KE-ljusenergier i människokroppen och aura. Detta hjälper själen att leva sitt liv på jorden. Kvantenergierna är i ”ett” med KE-ljuset. Så det är som om de också är i “ett” med själarnas energier.

2. Själens kausala energier och KE ljus- och kvantenergier spelar en roll tillsammans för materialiseringen av människokroppen.

3. En del av de mänskliga själens energier är sammankopplade med världsdramat som har spelats in i KE ljus-energier.

Ardhanarishvara har också använts för att symboliskt representera mer än bara detta. Till exempel när det gäller materialiseringen av den verkliga världen, representerar Shanker kvantaspekterna medan Parvati representerar den materialiserade verkliga världen. Man kan inte skilja den verkliga världen från sina kvantaspekter.

I det holografiska universum finns det en kombination av krafter som håller 3D SVD i rörelse längs med 2D SVD. Det finns också styrkor i den fysiska världen som hjälper till att hålla den verkliga världen flödande längs med 2D SVD.

Efter att ha kommit in i den fysiska världen, från själavärlden, rör sig själar i SVD då de spelar sina roller på jorden. De holografiska börjar i den holografiska 3D SVD som rör sig längs med 2D SVD och som kommer att röra sig in i framtida händelser. Genom detta ges tid för människorna på jorden. Så folket kommer att känna att det finns ett förflutna, nutid och framtid.

Tid och rum upplevs av alla som deltar i världsdramat på jorden. Det som händer, i den holografiska 3D SVD, materialiserar det relevanta utrymmet för *världsdramat som äger rum på jorden.*

De tre fysiska dimensionerna (bredd, längd och höjd) av rum tillhandahålls genom den holografiska 3D SVD. Tid upplevs eftersom 3D SVD rör sig längs 2D SVD. Tid kan inte existera utan rum eftersom rum behövs för att tid ska upplevas; rum måste kopplas till tiden medan **man lever på jorden.** Eftersom tid och rum måste samexistera, kan tid ses som tidsrum. Så tidsrum är den fjärde dimensionen i den fysiska världen. Tidsrum existerar eftersom det som finns i 3D SVD är sammankopplat med vad som finns i 2D SVD.

Det holografiska universum är en fyra-dimensionell subtil värld. De fyra dimensionerna är bredd, längd, höjd och tidsrum eller "Tid". Om man ser den fysiska världen vid en specifik tidpunkt i tiden, är det holografiska universumet en tredimensionell projektion.

Under *den första halvcykeln* ligger den holografiska 3D SVD i gränsen till SVL. Under den centrala mötesåldern började den holografiska 3D SVD släppa ner i kvantvärlden. Under andra halvcykeln befinner sig de mänskliga själarna således i ett sjuknat tillstånd, inom kvantvärlden, medan de lever i den verkliga världen som dödliga. Allt detta har återspeglats i myterna genom hur folket/gudarna, som bodde i himlen, hade fallit för att leva på jorden. Under den centrala mötesåldern utvecklades metoder för att hjälpa folket att stanna kvar i en holografisk 3D SVD som fanns i SVL. Så länge folket var bra och de inte använde lasterna, förblev deras holografiska värld över kvantvärlden. De praxis som utvecklades senare under den centrala mötesåldern integrerades i de olika trossystemen på många sätt. En av dessa metoder är den där de troende uppmuntras att göra ansträngningar för att leva i himlen som är över världen som vi lever i nu. Ordet "himmel" har använts för att representera mer än bara detta, i de antika myterna, etc. Till exempel representerar det:

1. Ett holografiskt universum.
2. Det 3D SVD som var i SVL under första halvcykeln.
3. Subtila dimensioner som användes av den centrala mötesåldern Åldriga gudar/människor (innan de förlorade det självmedvetna tillståndet för att bli dödliga). Dessa rena subtila dimensioner förses av de rena KE-ljusenergierna. Den centrala mötesåldern åldriga människor var odödliga medan de fortfarande var självmedvetna. I det självmedvetna tillståndet är själen andligt mycket kraftfull och personen kommer att vara medveten om att han är en själ; han skulle inte känna att han är kroppen.
4. Mötesålderns subtila regioner, i slutet av cykeln.

5. Rena subtila dimensioner som används av mänskliga själar under dyrkan, meditation etc. från tiden för mitten av den centrala mötesåldern. KE: s ljus- och kvantenergier ger dessa subtila dimensioner tillfälligt.

6. Själens metafysiska dimension i den fysiska världen. Den metafysiska dimensionen **är inte en "värld"** av alla själar i fysiska världen. Eftersom själen består av metafysiska energier är den i en metafysisk dimension. Det är som om varje själ är i en metafysisk dimension av sig själv, därför är den i en egen värld.

7. Kvantdimensioner som den centrala mötesålderns gudar (kunglig klan) använde när de befann sig i kvantdimensionerna där de kunde åldras långsamt.

8. Kvantdimensioner som den centrala mötesålderns forskarna använde när de reser in i framtiden etc.

9. Guld- och silverålder på jorden.

10. Alla himmelska platser på jorden som själar njuter av när de just har kommit in i den fysiska världen från själavärlden, även om de kanske inte har kommit i guld- och silveråldern.

11. Platser som ligger högt över marken, t.ex. himlen, yttre rymden, etc.

12. Själavärlden.

13. Platser på jorden, i forntida tider, som representerade en av himlen i nummer 1 till 12 som nämnts ovan.

Det SVD framställdes också som en himmel eftersom:

1. det är huvuddelen av det holografiska universum och

2. dess energier var lättare än den verkliga världen som vi lever i.

# Kapitel 5: Rollen av kausala energier i det holografiska universum

Själarnas kausala ljusenergier benämns som det kausala jaget, kausala kroppen eller som det **undermedvetna jaget**. På sanskrit kallas kausala kroppen Karana-Sarira eller Karana Deha. Kaaran eller Karana betyder "kausal" eller "orsak". Sarira och Deha betyder "kropp". Vissa av de metafysiska ljusenergierna i själen fungerar som det kausala jaget. Det kausala jaget **initierar** en **skapelseprocess** eller **orsakar** något att hända. Det kan sägas att själva själen är det kausala jaget men vanligtvis är det undermedvetna jaget som kallas kausala jaget. Världsdramat djupt i själen är också ett kausalt jag eller det kan sägas vara en del av det kausala jaget.

De kausala ljusenergierna från Gud och människans själar har magiska och kreativa förmågor. I slutet av varje cykel **registrerar** Guds kausalljus en översikt över vad som finns i världsdramat (inom Gud) på *KE-ljusenergierna* **som intryck.** Detta intryck är för den nya 2D SVD, av den nya cykeln. Därefter registrerar det *kausala ljuset för alla mänskliga själar* en kontur av världsdramat som finns djupt i människans själar, på denna nya 2D SVD (för nästa cykel). Denna översikt kommer att vara av alla deras inkarnationer för den nya cykeln. Intryck lämnas också för att få fostret utvecklas i livmodern, så att själarna kan komma in i när dessa själar måste ta inkarnationerna.

I slutet av cykeln, när intryck lämnas på 2D SVD, **kvarstår inte intryck av allt som finns** i världsdramat djupt i människans själar. Detta gör att det ser ut **som om** våra beslut påverkar den väg vi tar, i 2D SVD. I 2D SVD kommer det att se ut som om vi har fri vilja, dvs val att **ta en bland många vägar** genom att fatta ett beslut. Dessa många vägar är en återspegling av den "förvirring" som vi befinner oss i. När vi fattar beslut finns fler intryck kvar i 2D SVD när vi går längs den väg vi går på.

Efter att ha kommit in i den fysiska världen, i den nya cykeln, lämnar det *kausala jaget av de mänskliga själarna* fler intryck på KE-ljusenergierna (i 2D SVD); och världsdramat inom varje själ förvirras med de avtryck som den har lämnat i 2D SVD. Allt som görs av själen, som person, kommer att spelas in i 2D SVD. Intryck finns också kvar i 2D SVD när besluten **håller på** att tas. Således, genom subtila erfarenheter, **vet vi vad vi kommer att göra** precis innan vi gör det. Det kausala jaget lämnar dessa intryck i 2D SVD, medan det påverkar personen genom hjärnan för att fatta beslutet. Personen påverkas av aktiviteterna **i hjärnan** för att fatta beslut enligt världsdramat. Genom att titta på aktiviteterna i hjärnan under experiment, vet forskarna det beslut som en person kommer att fatta **redan innan** personen fattat beslutet.

Vi använder bara några av själens energier, som det **medvetna jaget**, under en livstid. Därför är det medvetna jaget inte medvetet om allt som görs av kausala energier i det undermedvetna jaget. Detta gör livet underhållande. Det medvetna jaget kommer inte att vara medveten om vad som görs av det undermedvetna jaget eftersom själens energier är **uppdelade** för att utföra själens olika uppgifter. Det är själen som utför alla dessa olika funktioner som tilldelats sig själv. Så även om bara vissa energier i själen används som det medvetna jaget, är det själen som **lever på jorden** genom att använda den fysiska kroppen. De flesta av själens andra energier är också involverade i vad som måste göras av personen, även om det medvetna jaget inte är medvetet om vad de gör. Själen lever sina liv baserat på vad som redan finns i världsdramat, djupt inom själen; själen **lever** genom sina inkarnationer.

När den mänskliga själen kommer in i den fysiska världen, från själavärlden, förvirras de kausala energierna (som har världsdramat djupt i själen) med 2D SVD. Det är som om de blir en del av 2D SVD. Detta kopplar världsdramat djupt in i själen, till 2D SVD. Genom detta kombinerade tillstånd projicerar själens orsaksenergier den subtila ljusformen, kroppen för inkarnationen, i den holografiska 3D SVD. Den subtila holografiska kroppen projiceras i 3D SVD enligt världsdramat. När de kausala energierna projicerar den holografiska kroppen, till och med *KE-ljuset och kvantenergierna* **förser *KE-ljus och kvantenergikropparna* för den holografiska kroppen**. När den subtila kvantkroppen skapas finns den materiella kroppen också på jorden. I verkligheten sker skapandet av en ny kropp genom **skapandet av ett barn**. Detta involverar:

1. barnets far,
2. barnets mor,
3. människans själ, som kommer in i fostret, och
4. *KE-ljus och kvantenergier.*

I detta kapitel lägger jag vikt på att förklara **rollen** för **själens kausala energi** för skapandet *av en ny kropp*. Kroppen förändras hela tiden genom själens kausala energier som gör den första rörelsen. De *kausala energierna för alla relevanta* *själar* började dock skapa processen för barnet genom att lämna ett intryck i 2D SVD **i slutet av föregående cykel**. Intrycket som lämnades kvar i 2D SVD, var baserat på vad som finns i världsdramat inom:

1. barnets far,
2. barnets mor, och
3. själen som kommer in i det fostret.

Guds orsaksljus möjliggjorde att lämpliga intryck lämnades på KE-ljusenergierna i slutet av föregående cykel. Intryck finns kvar av allt som barnet behöver tills själen kommer in i fostret. Dessa **påverkar barnets utveckling** innan själen kommer in i fostret. Vid den aktuella tidpunkten, i 2D SVD, tillhandahåller kvantenergier den materiella formen för allt som behövs så att barnet kan utvecklas. Sedan utvecklas barnet baserat på vad som finns i 2D SVD. Fostrets utveckling kan förklaras av vetenskaperna eftersom, enligt Naturens 2D VD, allt som finns i naturen kan förklaras med hjälp av vetenskapen. De vetenskapliga naturlagarna blir en del av 2D SVD eftersom 2D VD är förvirrad med 2D SVD. Som ett resultat kan allt som tillhandahålls av kvantenergierna förklaras med hjälp av "vetenskaperna". Trots detta kan ingenting existera om kvantenergierna inte materialiserar den fysiska formen. Fostrets utveckling, under de inledande stadierna, är baserad på den **holografiska formen som tillhandahålls av *KE ljus och kvantenergier*** enligt 2D SVD. Sedan, när själen kommer in i fostret (när fostret är cirka 4 till 5 månader gammalt), deltar själens kausala energi också för det fostret måste utvecklas till. Karmalagen påverkar också kroppens utveckling eftersom vi också kan **nöja oss med våra felaktigheter** genom våra kroppar. Lagen om karma tillhandahålls av 2D SVD och världsdramat inom Gud och mänskliga själar. Vad som finns för våra kroppar, baserat på effekterna av karma-lagen, kommer att finnas i 2D SVD och i världsdrama djupt i själen. Utöver alla dessa, fostrar moderns fysiska och subtila kroppar **barnet** från befruktningen till födseln. På detta sätt skapas fostret för alla ens inkarnationer på jorden.

När jag förklarar om skapandet av den nya kroppen påverkas jag också av vad som har lämnats kvar i myterna världen över. I myterna framställdes **ofta** *skapandet av människor* som genom den vuxna formen eftersom dessa myter återspeglar mer än *skapelseprocessen som sker genom det holografiska universum*. De återspeglar också hur roller skapades. Subtila kroppar kan också ha använts i subtila dimensioner, medan dessa roller användes på jorden. Förklaringarna om *hur den holografiska kroppen skapades* kombinerades med hur de *subtila kropparna och rollerna* skapades eftersom det var viktigt att förklara den forntida historien (som innebar att skapa och använda "roller" baserat på subtila upplevelser). En förklaring gavs också om hur de vuxenliknande subtila kropparna skapades (under den kontinuerliga skapelseprocessen) genom aura etc. och användes i det holografiska universum. Aura och den "kontinuerliga skapelseprocessen" förklaras i kapitel 13.

Det forntida folket **förklarade** "hur den holografiska kroppen skapas" för folket. Men mer lades till detta eftersom det de hade kvar var tänkt att föras till slutet av cykeln, där det kommer att användas under de **ytterligare förklaringarna som ges** av dem *vars tidigare födslar spelar en roll i livet efter* (som förklaringarna ges nu genom mig). Förklaringarna på *hur de vuxna kropparna skapas* återspeglar också att:

1. De nya kropparna för andra halvcykeln skapades under den centrala mötesåldern.

2. Den centrala mötesåldern är där åldrande änglakroppar skapas och används i slutet av varje cykel till världsnytta. Detta har diskuterats ytterligare i kapitel 18.

3. De som tar sin **första födelse under första halvcykeln** kommer att få sin *"förmåga att ha perfekta gudomliga holografiska kroppar under första halvcykeln"* genom deras andliga ansträngningar i mötesåldern.

4. De som *går in i guldårvärlden* kommer att få sina kroppar i guldåldern skapade genom mötesåldern i slutet av cykeln. De som *går in i den gyllene åldersvärlden* kommer att leva i den guldålderns värld. Världen, som de lever i, kommer att förvandlas till den guldåldern via mötesåldern.

I världsdramat, djupt inom själen, finns det ett intryck av de subtila formerna av **alla inkarnationer** som själen kommer att använda under en cykel. Även om det bara är ett intryck, har var och en av de subtila formerna förmågan att bli en levande holografisk subtil form (när orsaksenergierna projicerar den i 3D SVD, eftersom andra kausala energier börjar använda den medan de spelar rollen som medvetna jaget). Det verkar **som om** ett holografiskt världsdrama också inträffar i *världsdramat inom själen*, eftersom själen rör sig längs sin väg i *världsdramat inom själen.*

Var och en av de subtila formerna (av varje inkarnation i *världsdramat inom själen*) kommer att projiceras som en holografisk kropp, i 3D SVD, när det är dags att leva det relevanta livet. Eftersom själen använder den är den subtila formen en holografisk varelse. *KE-ljuset och kvantenergierna* tillhandahåller **KE-ljuset och kvantkropparna** för den holografiska kroppen i denna holografiska varelse. Kvantkropparna, som tillhandahålls av kvantenergierna, kommer också att finnas i den materiella formen. Därför kommer den holografiska varelsen också att ha en fysisk kropp. De kausala energierna, som har planerats för att skapa den holografiska kroppen för denna holografiska varelse, finns faktiskt i den fysiska kroppen av den holografiska varelsen. KE-ljuset och kvantkropparna som skapas av *KE-ljuset och kvantenergierna* är baserade på:

1. intryck som finns i 2D SVD och
2. Holografisk kropp som har projicerats av själens kausala energier.

Efter att skapandet av den fysiska formen har initierats, enligt världsdramat, dras själens kausala energier (som hade använts för att inleda skapelseprocessen för den holografiska kroppen) **tillbaka till** själen. De förblir inte permanent i den holografiska kroppen. Det kausala jaget **fortsätter att projicera** själens kausala ljus in i kroppen för att åstadkomma de förändringar som måste ske enligt världsdramat. Så snart förändringarna har ägt rum dras de tillbaka medan andra själens energier projiceras för att åstadkomma fler förändringar. På detta sätt projiceras hela tiden färska energier i kroppen eftersom kroppen fortsätter att förändras när personen blir äldre. Det kausala ljuset projiceras i den fysiska kroppen eftersom den holografiska kroppen exakt överlappar den fysiska kroppen. I allmänhet består den holografiska kroppen endast av de subtila kropparna som tillhandahålls av kvantenergierna. Det kausala jaget börjar bara skapelseprocessen och ser sedan till att kroppen fortsätter att förändras, enligt världsdramat, på ett tillfälligt sätt.

Under andra halvcykeln projiceras till och med lasterna in i den holografiska kroppen (om lasterna är i ett tillväxtläge). När de befinner sig i ett tillväxtstillstånd fungerar lasterna på ett negativt sätt på den holografiska kroppen. Detta påverkar dåligt det kroppsliga organet; som ett resultat lider människan av sjukdomar. Även om lasterna inte är i ett tillväxtstillstånd kan en person fortfarande *lida genom kroppen* på grund av effekterna av lagen om karma.

Holografiska organ används under mänskliga inkarnationer. Det kommer att vara som om själen (som kausala jaget) är guden som inkarnerar i en kropp under inkarnationsprocessen. Detta har också återspeglats i de hinduiska myterna **genom gudar som inkarnerar** som olika varelser på jorden. I varje varelse spelar själen sin roll i världsdramat på jorden som det **medvetna jaget.**

I världsdramat djupt inuti de mänskliga själarna ligger varje liv (som själen tar i en cykel) i ett annat avsnitt. Dessa "liv" är ordnade efter varandra **som om det är en film om inkarnationerna** som tas av själen. I vart och ett av dessa "liv" finns det en annan subtil kropp som själen använder medan den tar en inkarnation. Varje subtil kropp ges liv när själens kausala energi kommer in i den för att spela rollen som det medvetna jaget. I den forntida egyptiska andliga läran har den **subtila kroppen som ges liv** kallats för "Ka". Ka är det **medvetna jaget som använder:**

1. den holografiska kroppen, och

2. den subtila kroppen som finns i världsdramat djupt i själen.

Så fort den subtila Ka-kroppen (i världsdramat djupt i själen) ges liv, kommer den att bli den holografiska varelsen i det holografiska universum. Ka är inte bara det medvetna jaget. Ka är det holografiska varelse som inkluderar det medvetna jaget. Det är själen som spelar rollen som det medvetna jaget. Så Ka hänvisar till "själen som den holografiska varelsen".

Eftersom själen spelar sin roll i världsdramat djupt i själen, spelar själen också sin roll i SVD. Således spelar Ka sin roll i 2D SVD, 3D SVD (som den holografiska varelsen) och i världsdramat djupt inom själen.

När det är dags för Ka att inkarnera, kommer några av själens orsaksenergier in i den subtila Ka-kroppen i världsdramat djupt i själen. Samtidigt kommer själens kausala energier att förvandla intrycket av den subtila Ka-kroppen (i *världsdramat inom själen*) till en levande subtil Ka-kropp eftersom orsaksenergierna har magiska och kreativa förmågor. Genom detta börjar Ka leva som inkarnationen på jorden. Vad det gör på jorden är exakt som det som händer i världsdramat djupt inom själen. När livet ges till Ka i *världsdramat djupt i själen*, projiceras **Ka: s subtila ljuskropp** i 3D SVD, för skapandet av den holografiska kroppen. Så kvantenergier förser den med kvantkroppar. När kvantenergierna förser det med kroppar, kommer själen att ha en fysisk kropp på jorden som ser ut som Ka.

Själens kausala energi delas upp för att utföra olika uppgifter. Endast några av de kausala energierna används för att ge livet till Ka. Det finns många kausala energier i det undermedvetna jaget, som inte är involverade i att spela rollen som det medvetna jaget. Vanligtvis kallas inte kausala energier som blir det medvetna jaget kausala energier. Det **är bara orsaksenergierna i det undermedvetna jaget** som kallas orsaksenergier eller som kausala jaget. Trots att vissa av kausala energier påverkar det medvetna jaget, under andra halvcykeln, är det medvetna jaget det dödliga jaget och inte det kausala jaget.

De kausala energierna i det undermedvetna jaget är också uppdelade för att utföra olika uppgifter. Några av de kausala energierna har intrycket av världsdramat som ligger djupt i själen. En del av själens kausala energi är förvirrad med detta världsdrama djupt i själen. Andra kausala energier är närmare detta världsdrama än det medvetna jaget, eftersom de är i det undermedvetna jaget.

I slutet av livet bör orsaksenergierna **lämna Ka** när själen slutar använda Ka i det livet. Detta skulle leda till "slutet" på användningen av den subtila Ka-kroppen, i världsdramat djupt inom själen. Det kommer att vara som Ka har lagt sig till vila i sitt avsnitt av världsdramat. I världsdramat djupt i själen kommer det inte att finnas något av vad som händer med liket (efter att själen lämnat sin kroppsliga kropp). När själen har slutat använda sin subtila Ka-kropp i ett liv, skulle Ka läggas till vila vid den punkten i världsdramat; och själen använder den subtila Ka-kroppen i nästa liv som ligger på dess väg, i världsdramat. Själen använder den nya subtila Ka-kroppen för att leva ett nytt liv, på jorden. På detta sätt fortsätter själen att inkarnera sig för att spela sin roll på jorden. I världsdramat djupt i själen verkar det som om själen fortsätter att gå längs en rak väg; lämnar en gammal *subtil Ka-kropp* för att använda en ny.

Eftersom själens kausala energier är sammankopplade med 2D SVD, är världsdramat som ligger djupt i själen också en **del av** 2D SVD (i holografiska universum). När varje själ går längs sin väg i världsdramat djupt inom själen, är det således som om själen också går längs sin väg i det webbliknande 2D SVD (i det holografiska universum). De vägar som tas av alla mänskliga själar finns på denna webbliknande 2D SVD. Alla deras vägar korsar varandra för att ge 2D SVD en webbliknande natur.

# Kapitel 6: Det subtila livsdramat (SLD)

Det subtila livsdramat (hädanefter kallad "SLD") finns i 3D SVD. De holografiska formerna av allt existerar i SLD. Alla mänskliga själar, som är i fysiska världen, lever i dessa SLD när de lever sina liv på jorden. Varje SLD involverar:

1. en person (om personen är ensam på ett ställe), eller
2. många människor (om många människor har samlats på en plats).

Det finns många SLD i 3D SVD eftersom alla på jorden **inte är på samma plats** på samma gång. Därför kan en SLD ibland bara involvera en själ/person. Många själar deltar i en SLD när deras vägar korsar i 2D SVD.

Allt som finns i 2D SVD **är förenat med** vad som skapas i SLD: er. Var och en av SLD: er är ett 3D-hologram som har projicerats baserat på vad som finns i 2D SVD. Varje själ spelar en roll i ett hologram (SLD), i 3D SVD. Ett hologram är en bild som skapas med hjälp av ljus.

Vad som händer i SLD: er händer också på jorden, som livsdrama på jorden, men vi kommer att använda fysiska kroppar medan vi spelar våra roller på jorden. SLD projiceras som ett stort antal "drama" på jorden, enligt 2D SVD. Varje drama är på en **plats** som är en **scen på jorden**; allt som händer på en plats är ett livsdrama på jorden. Alla våra livsdraman är en **del**

**av världsdramat** som äger rum på jorden. Alla de många SLD är också en del av 3D SVD, i det holografiska universum. SLD: er finns överallt i 3D SVD; **precis som** livsdramat överallt på jorden

De mänskliga själarna använder sina holografiska organ medan de deltar i SLD. De holografiska organen ser ut precis som de mänskliga kropparna som vi använder. När vi växer upp, på jorden, växer vår holografiska kropp också upp i SLD.

Vissa av kvantenergierna fungerar som lim som fäster alla SLD för att bli 3D SVD, så att vi är inte isolerade från de andra, eftersom vi lever på jorden. Precis som SLD: er limmas samman av kvantenergier, är även massa (i den verkliga världen) samman limmad av relevanta kvantenergier.

Det SVD, 2D SVD, 3D SVD, Naturens 2D VD, världsdramat som äger rum på jorden, *Världsdramat inom Gud och alla mänskliga själar* är alla en del av begreppet "Världsdrama". De kan alla kallas världsdrama men det är olika aspekter av världsdrama. Jag använder olika namn för att hänvisa till dem så att läsaren är medveten om vilket ”världsdrama” jag refererar till.

# Kapitel 7: Manusmriti 1.5 – En beskrivning av mörka kvantenergier i den mörka kvantvärlden

I kapitel 1, klausul 5 i den forntida hinduiska texten som heter Manusmriti (Laws of Manu) [1], har det framställts att kvantenergierna är i mörkt tillstånd när de inte är involverade i skapelsen. Detta villkor anger:

"Detta (universum) existerade i form av mörkret, obemärkt, bristande distinkta märken, ouppnåelig genom resonemang, ovetande, fullkomligt nedsänkt i djup sömn."

Orden i citatet ovan återspeglar tillståndet för kvantenergierna innan de är involverade i att materialisera något enligt 2D SVD.

Ordet "obemärkt" reflekterar att kvantenergierna inte kan uppfattas på ett sätt som liknar hur vi uppfattar de materiella formerna, genom användning av de 5 sinnena etc. Orden "bristande distinkta märken" är en hänvisning till det ursprungliga tillståndet för kvantenergierna när de inte har någon information (nedan kallat ”Ingen-info KE”).

Allt i den verkliga världen har en kvantform som består av kvantenergier. Den verkliga världen skapas genom kvantenergierna som kodar information för att bli dessa kvantformer. Kvantfysiker säger att kvantenergierna, av allt i den verkliga världen, har information, så deras materiella former ser ut som de gör. Det är informationen i kvantens energier som gör att något kan ha en materiell form. Kvantenergierna kodar, avkodar och kodar information för att materialisera allt som finns i den verkliga världen. Men i det ursprungliga tillståndet har kvantenergierna ingen information. Detta har skildrats genom orden "bristande distinkta märken".

Orden "ouppnåelig genom resonemang" visar att kvantenergierna inte kan "uppnås" genom resonemang. Orden "ouppnåelig genom resonemang" och "ovetande" återspeglar också att det inte är möjligt att förstå kvantenergierna på ett sätt som liknar hur vi kan förstå den verkliga världen genom vetenskapen, matematiken och de 5 sinnena. Endast det som finns i den verkliga världen kan förstås genom att göra mätningar, observationer etc.

Orden "fullkomligt nedsänkt i djup sömn" hänvisar till kvantenergiernas tillstånd när det inte är involverat i att skapa något för den verkliga världen. I myter och hindu-cykler har till och med kvantenergierna framställts som Brahma som sover när han inte är involverad i att "skapa".

Orden "form av mörker" återspegla kvantenergiers mörka tillstånd i kvantvärldens djup. Orden "Detta (universum) existerade i form av mörker" visar de kvanta energiernas mörka tillstånd (Ingen-info KE), innan energierna blev involverade i att tillhandahålla något i den verkliga världen under skapelseprocessen. I subtila upplevelser och i nära dödsupplevelser kan man uppleva den mörka naturen hos Ingen-info KE och dess kvantdimensioner:

1. när själens energier rör sig genom en svart tunnel och/eller
2. när själens medvetande är i en mörk kvantdimension.

En diskussion om kvantmiljöns mörka natur, under dessa subtila upplevelser och nära dödsupplevelser, finns i kapitel 15 i denna bok.

..........................

**Fotnot:**

1. Manusmriti (The Laws of Manu), translated by George Buhler, The Sacred Books of the East, Vol. 25, 1886, Chapter 1, Clause 5; http://www.sacred-texts.com/hin/manu.htm

# Kapitel 8: Ljuskvantum och fotoner

Kvantenergierna har "lätta" energier istället för att ha en själ. Jag hänvisar till dessa ljusenergier som kvantenergiernas ljus (hädanefter kallat för "KE ljus"). Det finns många typer av kvantenergier. De olika formerna av KE ljus är också några av dessa.

*Ljuset i den verkliga världen* består av fotoner. KE ljus är inte fotonerna; emellertid är KE ljus nära anslutet till fotonerna eftersom fotonerna är en del av den andra sidan av KE ljus. Eftersom ljus består av fotoner är det också en del av KE-ljusets andra ansikte (en icke-levande aspekt).

Fotoner är vibrationer som vibrerar ut från den icke-levande aspekten av KE ljusenergier, i SVD. Även om fotonen är från KE-ljuset, faller den i kategorin "kvant"-energier. Som kvantenergier kan den interagera, slå samman och överföra energier med andra kvantenergier eller förändras till andra kvantenergier genom kollision. Som ett resultat kan massa också skapas genom fotonernas kollision.

Ljus har egenskaperna som vågor och partiklar. Ljuspartikeln kallas "foton". Det finns två typer av fotoner: virtuella fotoner och riktiga fotoner. Virtuella fotoner skiljer sig från de verkliga fotonerna.

Vissa föredrar att se de virtuella fotonerna som **kortlivade partiklar** som **inte är riktiga partiklar**, medan andra föredrar att se de virtuella fotonerna som kortlivade störningar i kvantfältet. Kvantfältet är "utrymme som innehåller vågor".

Det finns olika typer av virtuella fotoner, var och en utför en annan uppgift. Vissa virtuella fotoner är närmare kvantfältet än den verkliga världen. Vissa virtuella fotoner släpps ut från kvantfältet för att skapa något i 3D SVD. Andra virtuella fotoner är närmare den verkliga världen. De är mer som riktiga fotoner än virtuella fotoner. Vissa är nästan riktiga fotoner. Vissa virtuella fotoner finns i massans atomer. Dessa utför en annan typ av uppgift för massan.

Virtuella fotoner består av kvantenergier. De virtuella fotonerna, som är nära kopplade till kvantfältet, fluktuerar in och ut ur existensen från kvantvakuumet. Det finns kvantenergier i vakuum, och "vakuum" refereras också till kvantvakuum.

Några av de virtuella fotonerna, som har emitterats från kvantfältet, går tillbaka till kvantfältet. Dessa virtuella fotoner är i ett tillstånd där de är **redo att användas för att skapa något** i den verkliga världen, men de har ännu inte släppts för att skapa något; de är bara i **det tillstånd** där de är redo att användas. Således är de i ett vågpartikelutbytbart tillstånd. Från vågformen kan partiklar skapas, men vissa av dessa blir inte faktiska partiklar. Således släpper de tillbaka i kvantvågfältet. När det är dags för dem att tillhandahålla något i den verkliga världen, går de inte tillbaka till kvantvakuumet. De förvandlas till att bli riktiga fotoner, och så blir de en del av den verkliga världen.

Den riktiga fotonen och dess vågor är mätbara eftersom den riktiga fotonen finns i den verkliga världen. Den virtuella fotonen och dess kvantfält är inte mätbara eftersom den virtuella fotonen inte är "riktig". De virtuella fotonerna finns inte i den verkliga världen; de är i kvantfältet.

Riktiga fotoner är i solljus och i allt annat synligt ljus. I fysiken och kvantteorierna har ordet "verklig" använts på mer än ett sätt. När det gäller synligt ljus är **riktiga** fotoner de som vi kan observera.

Riktiga fotoner har lång livslängd. De är inte kvantenergier. De finns i vår värld som energier och ljus. Ljus består av en ström av riktiga fotoner som reser i vågor. När det finns fler fotoner är ljuset ljusare och det finns mer värme. När det finns mindre fotoner är ljuset svagt.

Universum är fyllt med fotoner. Fotoner kommer in i vår miljö från solen, stjärnorna etc. Dessa fotoner (som radiovågor, infraröd, solljus, ultraviolett, röntgenstrålar, mikrovågsugn, gammastrålar etc.) kallas alla elektromagnetisk strålning. Elektromagnetisk strålning är en ström av fotoner. Det är "energi" som rör sig som elektromagnetiska vågor. En foton är en **kvantitet** av elektromagnetisk energi. En "kvant" är den minsta mängden energi som betraktas som en enhet. De olika typerna av elektromagnetisk strålning gör olika saker, till exempel gör solljus allt synligt.

Solljus och allt annat synligt ljus har vit färg; emellertid kan detta vita ljus separeras för att bli de *sju färgade ljus* som har vågor med olika frekvenser. Gamma-strålar, röntgenstrålar, ultraviolett, infraröd, mikrovågsugn och radiovågor är också elektromagnetisk strålning som består av riktiga fotoner. Deras fotoner har vågor med olika frekvenser. Riktiga fotoner har olika våglängder baserade på de olika mängderna energier som de har. Fotonerna som har kortare våglängder har större energi. Foton från radiovågen skiljer sig från *fotonen i gammastrålen* eftersom fotonen i radiovågen har en låg energinivå medan fotonen i gammastrålen har en hög energinivå. Den elektromagnetiska strålningen är farligare när fotonen har en hög energinivå.

Allt i universum har elektromagnetiska energier som vibrerar vid olika frekvenser. Detta är KE ljus andra sida. Både KE-ljuset och fotonerna (ljuset) är viktiga krafter i det holografiska universum.

De virtuella fotonerna är en del av det holografiska universum. De verkliga fotonerna kan betraktas som en del av båda (den holografiska världen och den verkliga världen); eller de verkliga fotonerna kan ses som en del av den verkliga världen. Även om virtuella fotoner och riktiga fotoner är olika, är de anslutna och det är därför som virtuella fotoner kan bli riktiga fotoner.

I vissa myter framställs kvinnan som skapad av hanen. Detta är ibland en återspegling av hur "riktiga fotoner skapas från virtuella fotoner"; de riktiga fotonerna har framställts som kvinnliga och de virtuella fotonerna har framställts som hanen.

I hinduiska myterna är Ardhanarishvara en kombinerad form av Parvati och Shanker/Shiva. Parvati representerar också den verkliga aspekten av fysiska världen. Således representerar Parvati också de verkliga fotonerna. De verkliga fotonerna är "ljusa" och de är en del av den icke-levande aspekten av *KE-ljusenergierna*. Detta är en anledning till att Parvati också kallas Uma. På sanskrit betyder Uma "ljus". De verkliga fotonerna finns i och är en del av den verkliga världen som inkluderar jorden. Dessa är också orsaker till att Parvati var förknippad med jorden. Shanker representerar de virtuella fotonerna och KE-ljusenergierna. KE-ljusenergier, virtuella fotoner och riktiga fotoner kan alla kategoriseras som "en". Ardhanarishvara representerar hur KE-ljuset och fotonerna är "en".

Ardhanarishvara representerar också den kombinerade formen av Gud (Shiva) med mötesålderns själar (Parvati) för världsomvandling. Denna världsomvandling sker genom det holografiska universum, i slutet av varje tidscykel.

KE-ljuset är den **andliga aspekten** av *ljusenergier*. KE-ljuset ger också subtila kroppar etc. De virtuella fotonerna är den icke-levande aspekten av *ljusenergier* som finns i kvantfältet. Dessa är också orsaker till att Shiva har kopplats till de andliga, subtila och kvanta energierna. Shiva har också framställts på detta sätt eftersom han representerar Gud (den högsta själen) som spelar sin roll på ett subtilt andligt sätt i mötesåldern, i slutet av varje tidscykel; *KE: s ljus- och kvantenergier* tjänar honom.

Allt i vår värld har antingen en virtuell fotonform eller en KE ljus-form. Materialformerna finns baserade på dessa virtuella fotonformer eller KE ljus-former. Detta är också en anledning till att "skapelse" ofta har beskrivits som början med "mannen".

Naturen har i det holografiska universum en ljusform bestående av KE-ljus och/eller fotoner. KE-ljuset finns inte i den verkliga världen. Endast fotoner finns i den verkliga världen.

Massa har ingen KE-ljus form. Massan består av partiklar. Dessa partiklar har virtuella fotoner. Dessa virtuella fotoner är en del av den *ljusa formen* av massa. Det finns olika nivåer av virtuella fotoner. Massa har virtuella fotoner som är nära kopplade till den materiella världen. Dessa har ingen KE ljus-form. Mänskliga kroppar, djurkroppar, växter och alla andra levande saker har en KE ljus-form. Till och med kvantenergierna som är involverade i att *skapa det som behöver existera* i den verkliga världen har en KE-ljusform. Således har kvantenergierna, som just släpps från kvantvärlden, en KE ljus-form. Dessa finns överallt i utrymmet ovanför oss. Jag säger allt detta baserat på mina erfarenheter.

Från omkring år 1996 började jag se den andliga formen av växter och kvantenergier (som var involverade i "skapelsen"). Jag kunde emellertid inte uppleva någon andlig form i allt det som inte är levande "massa". Även om ljusenergin, i växter och kvantenergier, såg ut "**andlig**", hade ljusenergin (i växter och kvantenergier) också sett ut levande i några av mina upplevelser. Detta beror på att det finns en levande och en **icke-levande** aspekt av KE ljusformer av växter, djur, människor och *kvantenergier som är involverade i "skapelsen".*

Olika sorters kvantenergier spelar en roll för att skapa det som finns i vår värld. KE ljus spelar den viktigaste rollen för skapelseprocessen eftersom 2D SVD är präglad av KE ljuset.

I KE ljus finns det också naturens eviga 2D VD. Naturens 2D VD finns evigt i det holografiska universum eftersom KE-ljuset existerar i all oändlighet. KE ljus gör det möjligt för växterna etc. att ha funktioner som gör att de kan leva, enligt 2D VD. Den **organiska naturen** hos växter, levande saker etc. tillhandahålls av ***KE ljus****-systemet för kvantenergier.* Materialets **oorganiska natur** ställas till förfogande genom *systemet med kvantenergier som involverar* ***den virtuella fotonljusformen.***

Det finns mer än en slags kvantpartikelkropp, kvantvågkropp och KE ljuskropp. För enkelhets skull kommer jag att kategorisera alla kvantpartikelkroppar som en, alla kvantvågformer/kroppar som en och alla KE-ljuskroppar som en.

Den holografiska kroppen, i 3D SVD, består av den kausala energin hos människans själ, KE ljus kropp, kvantumvåg form och kvantumpartikel kropp. KE ljus projiceras också för att förse en subtil ljuskropp för skapandet av den holografiska varelsen i 3D SVD. KE ljus kropp ser exakt ut som den kroppsliga kroppen. KE ljus Body är nära sammankopplat med kvantumpartikel kropp och kvantumvåg form. Man kommer inte att kunna skilja KE ljus kropp från de andra kvantformerna. De fungerar tillsammans som "en" eftersom alla kvantens energier fungerar som "en".

I de visioner som jag sett såg det ut som om *energin i KE-ljuset* liknar själens energier en aning, det finns dock skillnader. Till exempel kan själar uppleva många slags laster under andra halvcykeln, medan KE-ljusenergierna inte verkar kunna uppleva alla laster. De verkar kunna uppleva lycka, sötma, lycka, fred, olycka, ilska och frustration men inte ego, lust, arrogans, girighet etc.

Naturen kan agera våldsamt i den verkliga världen, men detta är inte ett uttryck för deras ilska. Det är bara en återspegling som människor kan använda lasterna. Naturen **reagerar inte**, som människor, för att orsaka skada på människor eftersom naturen var tänkt att gynna människor. Naturen är dock beroende av det andliga tillståndet hos mänskliga själar. När människor kan uppleva ilska, kan naturen således agera våldsamt i den verkliga världen.

Själar består av levande andligt metafysiskt ljus. Andliga energier är "levande" energier, som vårt medvetande. De andligt-liknande KE-ljusenergierna, av växter och kvantenergier, är emellertid inte som själens energier eftersom KE ljus **också har en icke-levande aspekt** av det. Själarnas energier har ingen icke-levande aspekt för dem. Därför skiljer sig energi från KE ljus från de metafysiska energierna hos själar. KE ljus är inte metafysiskt på grund av dess icke-levande aspekt.

KE ljus är **en del av den fysiska världen** medan själar befinner sig "**i**" den fysiska världen. Själar finns i människors och djurkroppar medan KE ljus inte finns i någon kropp. KE ljus hjälper till att materialisera kropparna; de är en del av de fysiska kropparna.

KE ljus bryr sig inte om oss. Vi bryr oss om det, även om vi inte är medvetna om detta. Detta är också en anledning till att mänskliga själar i den fysiska världen är kopplade *till naturen och allt annat i fysiska världen* genom aura, olika delar av hjärnan och kroppen (via vågpartikelaspekten). Det måste finnas denna "enhet" i universum eftersom:

1. Naturen är beroende av oss.
2. Vi måste interagera med den fysiska världen.
3. *KE: s ljus- och kvantenergier* är involverade i att realisera den verkliga världen för oss; och de måste spela en roll **med oss** för vad som måste existera i den fysiska världen.

Det finns likheter mellan själen och KE-ljuset eftersom alla *KE-ljus- och kvantenergier* beter sig som om de kommer från en punktkälla. Enligt kunskapen om Brahma Kumaris är själen en **punkt** med vitt levande ljus. Det är omöjligt att se en punkt. Därför ser människor bara "ljus" (när de ser själen i visioner) eller så kan man se själen som en *förstorad ljuspunkt* i visioner. Det är dock möjligt att ha en andlig förståelse av att själen är en punkt.

KE ljus som inte har någon information (hädanefter refererad till "ingen-info KE ljus») finns i SVL. I sitt ursprungliga tillstånd har KE ljus ingen information ("*ingen-info KE ljus*").

När några av KE ljus engagerar sig i *skapelseprocessen* för att materialisera något i den fysiska världen, blir de *KE ljus som har information* (KE ljus med Info). KE ljus subtila former skapas genom KE ljus med Info.

Alla andra sorters kvantenergier finns i kvantvärlden. All *ingen-info ljus* ligger i kvantvärldens djup. Djupet i kvantvärlden är mörkt eftersom de virtuella fotonerna och KE-ljuset inte befinner sig i kvantvärldens djup. KE-ljus finns överallt i SVL eftersom de är det *andliga ljuset* för kvantens energier.

Det 2D SVD är sammankopplad med 2D VD. Följaktligen kommer ingen-info KE att förvandlas till att bli *KE med info* (kvantenergier med information) baserat på vad som finns i 2D SVD. Generellt ger KE med info den verkliga världen, eftersom kvantpartiklar dyker upp.

I allmänhet används KE ljus för att skapa de många hologrammen (SLD) i 3D SVD. Ingen-info KE ljus transformeras för att ge information i 2D SVD och i den holografiska 3D SVD.

När något "levande" måste materialiseras i den fysiska världen, kommer något av ingen-info KE ljus (från SVL) och en del av ingen-info KE (från kvantvärlden) in i 3D SVD när de kodar information som materialiserar den kroppsliga formen. De kodar information baserat på vad som finns i 2D SVD. Information existerar i den materiella formen baserad på den information som finns i kvantformen.

Det finns "enhet" i universum eftersom alla kvantenergier är sammankopplade med varandra. Vad som finns i KE ljus, inom 2D SVD, kommer att återspeglas genom vad som finns i den verkliga världen. Det är som om alla olika sorters kvantenergier fungerar tillsammans som "en" (som själva källan) för att materialisera det som finns i 2D SVD. KE-ljuset behövs för att påbörja skapandet.

När en mänsklig själ kommer från själavärlden in i den fysiska världen, blir vissa av själens orsaksenergier förvirrad med intrycket av 2D SVD som finns i KE ljus. Därför *blir världsdramat som ligger djupt i själen* en del av 2D SVD, i KE ljuset. Kvantenergierna kan inte komma in i själen. Det är bara själens energier som kan trassla in sig med intryck av 2D SVD, i det holografiska universum. Själens energier kommer inte att kunna blandas med kvantvågorna eller fotonerna eller med någon av de andra kvantpartiklarna. Själens energier kan bara smälta in i KE-ljuset. Men eftersom alla kvantenergier är sammankopplade med varandra och fungerar som "en" kraft, är det som om själens energier är förvirrad med alla kvantens energier.

I allmänhet kommer det holografiska varelsen bara att bestå av KE ljus kropp, kvantumvåg form och den subtila kvantumpartikel kropp. **Själens kausala energier** är endast involverade i att **skapa** och sedan **åstadkomma förändringar** i den materiella kroppen, på ett tillfälligt eller fristående sätt, enligt världsdramat. Under andra halvcykeln är det dock som om själens kausala energi blir en del av den holografiska kroppen (på ett permanent sätt) på grund av:

1. själens anknytning till kroppen och
2. svagt tillstånd för själens energier.

När vissa energier skickas för att skapa något, eller åstadkomma förändringar i den materiella kroppen **dras de vanligtvis inte tillbaka till själen**. De stannar där, knutna till den fysiska kroppen, eftersom andra orsakskraften fortsätter att förändra den fysiska kroppen. Själens kausala energier, som förblir spridda i kroppen, smälter samman med kvantkropparna. Detta påverkar en att känna att man är kroppen. Fotonerna och alla andra kvantenergier är inte lika nära förenade med de mänskliga själens energier som KE-ljuset. Mänskliga själens kausala energier kan bara smälta in i KE-ljuset. Således är det som om själens kausala energi har gått in i ett kombinerat tillstånd med KE ljus-kroppen, i den holografiska kroppen.

Kvantkropparna kan inte separeras från den fysiska kroppen på grund av vågpartikeldualiteten. Till och med KE ljuskroppen kan inte separeras från den fysiska kroppen eftersom alla kvantenergier fungerar som "en". Det kombinerade tillståndet (av själens kausala energi och KE ljus kropp) påverkar därför en att känna att man är den fysiska kroppen. Det kan också påverka en att ha en subtil upplevelse att man var kvantenergierna som är spridda överallt i universum eftersom det inte finns några uppdelningar inom kvantenergierna. Den här upplevelsen är bara en illusion (Maya). Sanningen är att man är själen som finns i kroppen under en livstid, dvs den förkroppsliga själen (jivatma). Den förkroppsliga **själen är kopplad till hela världen** genom hans aura, kropp och olika delar av hjärnan. Detta påverkar också en att känna att man är "en" med den värld som vi alla lever i. För världens fördel är denna känsla acceptabel. Men en är själen. Om man kan upprätthålla ens identitet som en själ, medan man är involverad med världsnytta, skulle det vara bättre eftersom det skulle bli mindre förvirring. Förvirring är skadligt för dem som vill uppleva sanningen.

När mörkret eller svarta kvantenergier (ingen info-KE) blir involverade i skapandet, måste det också vara "ljus" (KE-ljus och virtuella fotoner) involverade i den skapande processen. Detta har också återspeglats i myterna.

Skapandet sker vid gränsen mellan kvantvärlden och SVL. En del av KE ljus kommer från SVL in i denna gräns för skapelseprocessen. Vissa av dessa KE ljus blir virtuella fotoner, medan andra blir KE ljus-former. Vid denna gräns mellan kvantvärlden och SVL är de verkliga fotonerna också nära anslutna till de virtuella fotonerna.

De andra typerna av kvantenergier går inte in i SVL, från kvantvärlden. Endast KE-ljuset kommer in i kvantvärldens gräns och detta leder "ljus" in i detta område.

Ingen info-KE kommer från djupet i kvantvärlden för att bli de icke-lätta kvantenergierna som är involverade i skapelseprocessen. Eftersom de inte är "ljuset" är de mörka när de är i ingen information. I gränsen mellan kvantvärlden och SVL är emellertid några av dem nära sammanslagna med “ljuset” (KE ljus). Följaktligen är det som om de tänds i kvantvärldens gräns.

KE-ljuset och andra kvantenergier, i gränsen, är ett *hav av KE-ljus och kvantenergier* som är involverade i skapelseprocessen. Detta hav av KE ljus och kvantenergier har också representerats i hindu-myterna som det "urhavet". Moderna kvantfysiker refererar till det som det "enhetliga fältet".

Det är mycket svårt att rita linjer som gränser för kvantvärlden, den verkliga världen och SVL eftersom de överlappar varandra. Även om dessa tre världar är involverade i samma utrymme är de i olika dimensioner. Till exempel lever vi i dimensionen av den verkliga världen; Men om vi reser med ljusets hastighet, flyttar vi in i en av kvantens dimensioner, men vi använder fortfarande samma utrymme.

Tidsresor är också möjligt genom att resa nära ett svart hål, genom att utsättas för mer kraftfull tyngdkraft, genom maskhål, genom att utsättas för relevanta elektromagnetiska vågor eller om kosmiska strängar varpar rymd-tid. Vi rör oss in i kvantdimensionerna och åldras långsamt när vi reser. Det är bara möjligt att tidsresa in i framtiden och inte in i det förflutna.

Rymden eller vakuum är fylld med kvantenergier. Kvantfysiker hänvisar till dessa kvantenergier som "vakuumenergi" som sägs vara den underliggande bakgrundsenergin som finns i hela universumets rymd. Kvantfysiker anser att virtuella partiklar kan existera i vakuumenergi. De anser att virtuella partiklar blir partikelpar (partikel-antipartikelpar) som förstör varandra inom en mycket kort tidsperiod. Så det är inte möjligt att observera dem. De anser att detta kan hända överallt i universum.

I gränsen mellan kvantvärlden och SVL finns det partikel-antipartikelpar som uppstår och sedan förintar varandra; paret upphör att existera eftersom partikeln och antipartikel förintar varandra. Kvanttillståndet för en virtuell partikel fluktuerar i det virtuella partikel-antipartikelparets kvanttillstånd och återgår sedan till sitt normala kvanttillstånd. Detta händer eftersom de är redo att skapa något för den verkliga världen, baserat på vad som finns i 2D SVD. Ibland förstör paret inte varandra och den virtuella partikeln, **i** *partikel-antipartikelparet*, blir en verklig partikel; det blir en del av den verkliga världen. Den virtuella partikeln och den virtuella antipartikeln, **i** *partikel-antipartikelparet*, är sammankopplade. Även om partikelns och antipartikeln i ett par separeras, fortsätter antipartikeln att påverka partikeln baserat på vad som finns i 2D SVD. Ibland kan partikeln och antipartikeln (i ett partikelpar) också kollidera för att bilda massa. Genom detta kan något tillhandahållas i den verkliga världen. Det finns också det virtuella partikelverkliga partikelutbytbara tillståndet där det *virtuella* *partikeltillståndet* är ett tillfälligt tillstånd. Alla dessa hjälper kvantenergierna att skapa det som behöver existera enligt 2D SVD. Det som skapas existerar inte permanent som hur det skapades, det förändras hela tiden under den verkliga världens livstid.

Kvantfysiker menar att *virtuella partikelpar* **ständigt** kommer till existens och sedan försvinner; dessa kallas kvantskummet. De virtuella partiklarna sägs skapa kvantskum. I kvantmekanik benämns kvantskummet också rymdtidsskummet. Detta skum är universums tyg eftersom det är genom kvantenergierna i detta skum som den verkliga världen materialiseras.

Enligt mina erfarenheter, mellan år 1996 och 2001, såg jag partiklar dyka upp (som bubblor). De kom från en plats där det var några bubblor som bubblade ut men bara en bubbla kom in i den kvantdimension som jag var i. Alla de andra bubblorna, som var runt denna bubbla, försvann och kom inte in i den kvantdimension som jag var i. Kanske förintades de och detta kan vara orsaken till att jag såg dem försvinna. Det kom bubblor på samma sätt från många olika platser i utrymmet mellan mig och himlen. Jag hade många av dessa erfarenheter, från år 1996 till 2001. Jag måste ha varit i en kvantdimension där "skapelse" ägde rum. Vid den tiden förstod jag inte att jag var i en kvantdimension och jag visste inte om kvantskum och jag kunde inte förstå vad som hände i dessa upplevelser. Jag förstod dem bara nyligen, när jag läste om kvantskum och hur en partikel framträder från ett par som uppstår medan andra par förintas. Det kan vara att jag befann mig i kvantdimensionen där partiklarna släpptes in. Den kvantdimension som jag befann mig i **såg ut som vår värld**, förutom att jag kunde uppleva den andliga aspekten av kvantenergier i den dimensionen.

De var glada över att se mig. Det är möjligt att var och en av dessa bubblor var ett **"vågpaket" av en partikel som** började uppstå i SVD och sedan slogs samman i det enhetliga fältet. Rymden, för kvantdimensionerna som är involverad i att realisera den verkliga världen, består av det enhetliga fältet eftersom det finns så många olika sorters fält inom det. Även om jag har bildat uppfattningen att varje bubbla måste ha varit ett *"vågpaket" av en partikel* såg jag inga vågor i bubblan. Kanske var vågorna i en annan kvantdimension. Eller kanske var vågorna inte märkbara av någon annan anledning. Bubblorna var transparenta, som såpbubblor. Efter att bubblorna hade dykt upp, slogs de samman i rymden och jag kunde inte längre se bubblorna; men jag visste att de fortfarande fanns där i rymden ovanför mig eftersom jag fortfarande kunde känna deras andliga-liknande närvaro i det rymden ovanför mig.

Enligt några av mina erfarenheter såg jag gnistor plötsligt dyka upp på många ställen i himmelområdet. Jag hade inte sett bubblorna eller den andliga aspekten av kvantenergierna i de upplevelser där jag såg gnistorna. Jag kan ha varit i en annan kvantdimension när jag såg gnistorna. Jag kan ha varit i en kvantdimension där de icke-levande KE-ljusenergierna spelar en viktig roll eftersom energin från den mänskliga själen är sammankopplade med de levande och icke-levande aspekterna av KE-ljuset. Det kan vara möjligt att dessa gnistor berodde på:

1. "förintelsen av partikelpar", eller
2. virtuella partiklar som kolliderar för att skapa något för den verkliga världen.

Jag *såg inte partikelpar som förintade varandra.* Med tanke på att under förintelsen av partikelpar upphör partikelparen att existera, kan det vara möjligt att gnistorna berodde på virtuella partiklar som kolliderade för att skapa något för den verkliga världen. Jag vet att upplevelserna, där jag såg gnistor och bubblor, var i kvantdimensioner eftersom jag hade dessa upplevelser medan jag flyttade in i olika slags kvantdimensioner. När jag hade upplevelserna visste jag inte att jag var i kvantdimensioner; det var först nyligen, när jag hade erfarenheter som förklarade vad som hände i det holografiska universum, att jag började inse att jag var i kvantdimension i mina tidigare erfarenheter.

Kvantenergierna finns överallt i universum. Universum (den fysiska världen) kan delas in i det synliga universum (verkliga världen) och det osynliga universum (holografiskt universum). Det synliga universum involverar rum som används i den verkliga världen. Det ger den scen som vi använder för att leva våra liv. Så det är som om allt, i det synliga universum, **kretsar kring oss**, även om solen, månen, stjärnorna etc. inte kretsar runt oss. Det osynliga universum involverar allt det vi inte ser som en del av vårt världsstadie. Det osynliga universum är det holografiska universum. KE-ljuset som har avtryck av 2D SVD är en holografisk kant precis ovanför det synliga universum, även om det också är **som om** 2D SVD finns överallt i det holografiska universum eftersom 2D SVD är intryckt på *KE ljusenergier* som fungerar som "en" med alla *KE-ljus- och kvantenergier* i universum.

Jag föredrar att använda orden kvantumgud medan jag hänvisar ***till KE ljus and kvantenergiernas*** kreativa förmågor. KE ljus spelar en viktig roll i begreppet kvantumgud. De svarta kvantenergierna spelar en viktig roll med KE-ljuset, som kvantumgud, eftersom de tillsammans spelar en roll som en «kreativ kraft» för existensen av den verkliga världen.

Den viktigaste delen av intrycket i 2D SVD var ursprungligen från världsdramatatiken som finns inom Gud. Detta intryck lämnades, i slutet av cykeln, efter att Gud förvandlade världen till den gudomliga världen. Den nya världen materialiseras baserat på detta intryck, men det var Gud som skapade den nya gyllene åldersvärlden; Kvantumgud en tjänar bara Gud genom att materialisera den nya "skapelsen" för den nya cykeln. Sedan materialiserar kvantumgud under den centrala mötesåldern den vanliga världen enligt 2D SVD. Det är som om kvantumgud en skapade världen under andra halvcykeln eftersom den värld som Gud ursprungligen skapade inte var den vanliga världen. Det är dock den värld som Gud skapat som hade förvandlats till det vanliga tillståndet. KE-ljuset spelar också en betydande roll med Gud för folket, under dyrkan etc. under andra halvcykeln. Av alla dessa skäl reflekterades kvantumgud en (som inkluderar KE-ljuset) ofta som en del av konceptet “Gud” i de forntida hinduiska texterna.

# Kapitel 9: Den verkliga världen och den holografiska världen

Den holografiska världen är 3D SVD som finns i det holografiska universum. Ser man på det från en annan vinkel, kan det också sägas att det holografiska universum i sig är vår holografiska värld. Den holografiska världen kan därför ses som att inkludera mer än 3D SVD.

Alla mänskliga själar (på jorden) har en verklig form i den verkliga världen och en holografisk form i 3D SVD för det holografiska universum. Som ett resultat lever alla människor i den verkliga världen och i den holografiska världen, även om människor kanske inte är medvetna om att de också lever i en holografisk värld.

Själens energier är inte "riktiga", de är metafysiska; de är osynliga ljusenergier. Därför kan själen sägas vara en del av den holografiska världen och inte en del av den verkliga världen.

Den holografiska världen är ett hologram. Detta hologram (3D SVD), som vi alla lever i, består av ljus- och kvantenergier. Det är som om vi är en **del** av detta hologram som består av ljus- och kvantenergier. Vi lever också i detta Hologram. Vi **lever** i detta hologram. Vi upplever dock inte att vi *lever i detta hologram* utan vi upplever att vi *lever i den verkliga världen* på grund av vårt "dödliga tillstånd".

Det enklaste sättet att kategorisera den holografiska världen och den verkliga världen är baserad på om världsdramat äger rum i 3D SVD eller på jorden. Kategorisering kan emellertid även göras på andra sätt.

I enlighet med vetenskaperna kan man dra slutsatsen att vissa saker i den verkliga världen inte är "materiella" i naturen, till exempel elektromagnetisk strålning är inte "materiell" men det är i den "verkliga världen". Det kan dras en slutsats om att allt som inte ingår i den verkliga världen enligt vetenskaperna är en del av den holografiska världen. Därför är elektromagnetisk strålning inte en del av det holografiska universum. Från en annan vinkel kan dock vissa av sakerna i den verkliga världen också sägas vara en del av det holografiska universum.

Man kan också klassificera allt som inte är "materiellt" i kategorin holografiska universum eftersom det holografiskuniversum inte är en materiell värld. Ur denna synvinkel kan elektromagnetisk strålning klassificeras som en del av den holografiska världen. Ljus eller fotoner är elektromagnetisk strålning. Kvantfysiker säger att fotoner inte har någon massa. Detta skulle också betyda att det inte är "material". Även av detta skäl kan ljus sägas till en del av den holografiska världen. Alla andra energier, inklusive kvantenergier, kan också sägas vara en del av den holografiska världen eftersom energier inte är "materiella" i naturen. Emellertid kan de energier som finns i den verkliga världen också klassificeras som en del av den verkliga världen.

Den yttre rymden är en del av den verkliga världen eftersom materiella föremål finns i den. Trots detta är det också en del av det holografiska universum eftersom effekterna av kvantenergierna är synliga i det.

# Kapitel 10: Att se världen

När man ser världen är det medvetna jaget av den uppfattning som han ser genom ögonen, men det medvetna jaget ser bara vad som har förts in i hjärnan; det medvetna jaget ser inte riktigt vad som finns utanför den fysiska kroppen på ett direkt sätt, han ser det på ett indirekt sätt. Jag kommer att ge en kort förklaring av hur vi ser med våra ögon eftersom man behöver förstå **hur vi ser världen** för att få en bättre förståelse för *den holografiska naturen i världen* som vi uppfattar.

*Att se världen* börjar med att fotonerna kommer in i ögonen, som "ljus". De riktiga fotonerna, som solljus eller vitt ljus, träffar allt. Vitt ljus har alla sju färger. När vitt ljus träffar föremålen reflekteras objektens färg och alla andra färger absorberas. Det reflekterade ljuset kommer in i ögonen, genom pupillen som är *hålet i mitten av ögat* vilket ljus passerar.

Ljuset som kommer in i ögonen projicerar en inverterad bild av det vi ser på näthinnan. De visuella bilderna som skapas på näthinnan av fotonerna är vad vi ser. När förändringar sker i det man observerar, sker också förändringar i det ljusmönster som projiceras på näthinnan. På detta sätt används näthinnan för att påbörja processen att se *vad som händer* i världen.

Näthinnan har fotoreceptorer (celler som upptäcker ljus) på baksidan av ögonen. Fotoreceptorerna är specialiserade hjärnceller (neuroner) som är ivriga av ljus. Fotoreceptorerna absorberar energi från fotonerna i den inverterade bilden och omvandlar dem till elektriska signaler. Synnerven används för att föra informationen om bilderna från ögat till hjärnan genom de elektriska signalerna. De elektriska signalerna transporterar uppgifterna, om vad som fanns på näthinnan, till hjärnan. I hjärnan tolkas data till att bli information som förmedlas till själen.

Allt som händer *i ögonen och hjärnan i den fysiska kroppen* händer också i ögonen och hjärnorna hos kvantkropparna. Detta är så eftersom:

1. den *verkliga formen* och kvantformerna är kopplade genom våg-partikeldualitetsaspekten, och

2. alla kvantenergier fungerar som "en" medan de tillhandahåller den verkliga världen (inklusive den fysiska kroppen).

Följaktligen finns allt i den fysiska hjärnan också i hjärnorna hos kvantformerna (samt i KE ljus-hjärnan). Själen kan se vad som har förts in i hjärnan då det som finns i den fysiska hjärnan finns också i KE ljus hjärnan.

Själens energier kan trassla in sig med KE-ljusets energier. Således är *själens sinne* i ett intrasslat tillstånd med KE-ljusenergier i hjärnan. Som ett resultat är det som finns i KE ljus hjärnan även i själens sinne. Själen kan således se världen som vi lever i.

KE ljus-energierna i KE ljus-hjärnan projicerar informationen i de elektriska signalerna (som har tagits emot och avkodats) som en holografisk bild. Denna holografiska bild, som har projicerats av KE-ljusenergier, ser ut som vad som har sett av ögonen. Jag hänvisar till **denna del av KE ljus-hjärnan**, som skapar och har denna holografiska bild, som KE ljus sinne (eller som kvantumsinne) eftersom det som **finns i det även finns i själens sinne.**

Själens energier används för olika funktioner. En del av själens energier används också som själens sinne, intellekt och minnesbank. Minnen lagras i själens minnesbank. Intellektet tar med sig minnen från minnesbanken och placerar dem i *själens sinne* så att själen/personen kan komma ihåg och/eller använda minnena. Det som uppfattas genom de fem sinnena förs till *själens sinne* så att själen kan se och agera utifrån dem. Man tänker och känslor skapas i *själens sinne*. Intellektet tar med sig allt, som är i sinnet, till minnesbanken (efter att själen har sett och/eller använt vad som är i sinnet). Själen använder också intellektet för att analysera, urskilja, diskriminera, bedöma, besluta etc.

I KE-ljusets hjärna finns det *hjärnaktiviteter* som de finns i den fysiska hjärnan. Inom KE-ljusets hjärna finns det också KE-ljusets sinne som har *tolkningen av hjärnaktiviteterna i en holografisk form.*

När egenskaperna hos två partiklar är kopplade till varandra medan de är nära varandra, blir de intrasslade. De förblir trasslade efter det, även om partiklarna separeras från varandra. När något händer med en av partiklarna, återspeglas därför detta i den andra partikeln. Något som detta händer även mellan KE-ljuset och *själens energier* eftersom båda har en spirituell aspekt och de måste spela sina roller tillsammans. Därför ligger det i KE-ljusets sinne också i själens sinne. Alla KE-ljus och kvantenergier är naturligt intrasslade med varandra för **skapelseprocessen** i det holografiska universum eftersom de måste spela sina roller tillsammans. Som ett resultat är det som om själens energier också är sammankopplade med alla *KE-ljus och kvantenergier*, även om *KE-ljuset och kvantenergierna* inte har en andlig aspekt.

Alla kvantenergier fungerar som en dator. De körs på samma sätt som datorprogram. Data projiceras därför (som föras till KE-ljusets hjärna) automatiskt som holografiska bilder. KE-ljus använder olika färgade ljus för att skapa de holografiska scenerna i KE-ljusets sinne. Eftersom dessa holografiska scener också kommer att vara i själens sinne, ser själen en holografisk form av vad som händer i den verkliga världen.

Det som har sett av ögonen projiceras **direkt** som en holografisk scen i KE-ljusets sinne. De elektriska signalerna, som förser informationen till hjärnan, verkar så snabbt att vi ser de världsliga händelserna omedelbart. Själen är inte medveten om allt som hände, i ögat och hjärnan, innan de holografiska scenerna presenteras för den. Således känner själen att den ser genom ögonen.

Det finns en icke-levande och en levande aspekt av KE-ljusets hjärna. Hjärnaktiviteten, i KE-ljusets hjärna, är den icke-levande aspekten. KE-ljusets hjärna är den levande aspekten. Denna levande aspekt skiljer sig dock från själarnas levande energier eftersom KE-ljusets energier också har en icke-levande aspekt som själarna inte har. Vidare fungerar KE-ljusets energier inte som människor gör. De agerar på ett datoriserat sätt.

Precis som det finns en levande och en icke-levande aspekt av KE-ljusets hjärna, finns det också en levande och icke-levande aspekt av KE-ljusets kropp. Själen är förvirrad med de levande och icke-levande aspekterna av KE-ljusets hjärna och KE-ljusets kropp. Således är det **som om** själens energier slås samman i dessa KE-ljusets energier.

Eftersom själens energier slås samman i KE-ljusets energier känner själen att den ser med sina fysiska ögon. Detta beror på att KE-ljusets ögon är "en" med de fysiska ögonen eftersom:

1. alla KE- ljus och kvantenergier fungerar som "ett" och
2. kvantenergierna har en våg partikeldualitetsaspekt.

Själen känner att den ser de världsliga händelserna eftersom ögonen på KE-ljusets kropp också används när de ser de världsliga händelserna. Själen använder KE-ljusets kropp och hjärna på ett sådant sätt att det medvetna jaget tror att han ser genom ögonen.

Det holografiska universum är som en holografisk dator. Det är programmerat för att hjälpa folket att känna att de lever i den verkliga världen. Själens kausala energier, kvantenergier, världsdrama och allt annat i det holografiska universum fungerar på ett sådant sätt att det medvetna jaget känner att han ser genom ögonen. I subtila upplevelser kan det således verka som om vi, själarna, tittar genom ögonen och i verkligheten kan det verka som om vi ser allt genom våra ögon.

Själen ser allt i två världar: den holografiska världen och den verkliga världen. Det kan också sägas att själen ser allt i det holografiska universum, för det som själen ser är det som de elektriska signalerna förde in i hjärnan för själen att uppfatta, men själen är inte medveten om att den ser världen genom vad som har förts av elektriska signaler. Själen är i den fysiska kroppen och den är tänkt att använda ögonen för att se. Därför känner själen enligt världsdramat att den använder ögonen för att se istället för att känna att den ser världen genom de elektriska signalerna som förs till hjärnan. Eftersom de elektriska signalerna förmedlar vad som sågs i den verkliga världen, ser själen vad som finns i den verkliga världen.

Enligt några av mina erfarenheter, från år 1996, såg jag mig själv som energin i själen som såg vad som hade förts in i hjärnan (eftersom de elektriska signalerna förde data in i hjärnan). Själens energier är också sammankopplade med KE-ljusets energier som har ett duplikat av de elektriska signalerna i hjärnan. I vissa av dessa upplevelser var det **som om** ens *själens energier* cirkulerade runt hjärnan när de elektriska signalerna cirkulerade runt hjärnan. Sedan såg jag mig själv som själen som tittade genom ögonen. Denna erfarenhet kan ha **försökt förklara** vad som hände i de tidigare upplevelserna, eftersom jag inte kunde förstå de tidigare upplevelserna. Det kan ha skildrat att jag tittade på vad som kom in i hjärnan; eller det kan ha försökt säga att själen också tittar genom ögonen, eftersom KE-ljusets ögon används för att se världen.

Att se världen innebär att använda KE-ljusets hjärna, som inte är en del av den verkliga världen. Det är bara i det holografiska universum. Det som har setts har således definitivt förts in i det holografiska universum innan själen ser det. Som ett resultat av detta kan det sägas att vi ser världen genom den holografiska världen.

De verkliga fotonerna kan klassificeras som en del av det holografiska universum, eftersom det inte är "materiellt" i naturen. Således kan man dra slutsatsen att vi ser vad som finns i det holografiska universum, eftersom det vi ser är vad fotonerna (elektromagnetiska vibrationer) får in i våra ögon. Om ljus ses som en del av det holografiska universum, kan till och med de *elektriska signalerna som skickas till hjärnan* betraktas som en del av den holografiska världen på grund av den elektromagnetiska (icke-materiella) naturen hos de elektriska signalerna.

De holografiska formerna spelar en enorm roll när vi tillåter oss att se världen.

Bilderna som ses, *ljuset och alla elektriska signaler* i hjärnan har också kvantformer. Dessa kvantformer är definitivt en del av det holografiska universum eftersom kvantenergier spelar en viktig roll i det holografiska universum. Själen ser också dessa kvantformer eftersom den metafysiska själen är en del av det Holografiska universum. Själen **lever** också i det holografiska universum.

Ett hologram är en tredimensionell bild som görs genom att använda ljus. Ljus spelar en enorm roll i skapandet av hologrammet. På liknande sätt spelar ljus och KE ljus en avgörande roll för skapandet av den holografiska världen i 3D SVD. Även om vi inte är medvetna om det, förutom denna holografiska värld som vi ser i 3D SVD, ser vi också denna holografiska värld, som vår värld, i våra sinnen.

Samtidigt har riktiga fotoner också en partikelaspekt. Man kan därför säga att «ljus» inte är en del av den holografiska världen. I kvantmekanik anses de riktiga fotonerna vara i den verkliga världen, så att se världen börjar med vad som finns i den verkliga världen.

# Kapitel 11: Holografisk film av hologram (3D SVD)

Om en holografisk film/platta skärs i två delar skärs inte heller den holografiska bilden (som finns i den) i två delar. När en av dessa halvsektioner är upplyst med laserljus kommer hela den holografiska bilden fortfarande att ses. Vi kommer inte att se bara hälften av den holografiska bilden. Detta betyder att varje del av den holografiska filmen/plattan har informationen om hela den holografiska bilden och varje del av den holografiska filmen/plattan har förmågan att fungera som hela den holografiska filmen/plattan. Till och med *KE-ljus och kvantenergier* fungerar på liknande sätt. Alla *KE-ljus och kvantenergier fungerar*, baserat på informationen som finns i 2D SVD. Alla KE-ljus och kvantenergier är kapabla att ha den information som vissa *av KE-ljus- och kvantenergierna* har och alla *KE-ljus och kvantenergier* fungerar som "ett" för att tillhandahålla det hologram (3D SVD) som vi lever i.

Skapandet av det hologram *som vi lever i* börjar med att vissa *KE-ljus och kvantenergier* spelar en roll som en holografisk film/platta. Förfiltrat och förknippat med *avtrycket av 2D SVD på KE-ljus* är en film eller ett lager av kvantvågor som också har informationen (om 2D SVD) som finns i KE ljus. Detta lager av kvantvågor" **och** *avtrycket av 2D SVD på KE-ljus* (tillsammans) är som en holografisk film/platta från vilken hologram projiceras. Kvantenergier flödar genom detta "lager av kvantvågor" medan de tar information, enligt 2D SVD, in i 3D SVD för skapelseprocessen. KE-ljusenergier flyter också genom *avtrycket av 2D SVD* på KE-ljuset för att få information, enligt 2D SVD, till 3D SVD för skapelseprocessen. Kvantvågorna är «en» med KE-ljuset i 2D SVD; det är som om 2D SVD är den holografiska filmen/lagret som inkluderar "kvantvågorna".

Det finns störningar mellan olika typer av *KE-ljus och kvantvågor* som fungerar som den holografiska filmen/lagret. Detta liknar den holografiska filmen/plattan, av en bild, som har hologrammet som ett *ljusvåginterferensmönster*. KE-ljus och kvantenergierna i 2D SVD som **har information** om 3D SVD liknar hur den holografiska filmen/plattan av en bild *har information om hologrammet* lagrat i interferensmönstret. 3D SVD (hologram) som projiceras från 2D SVD är som den holografiska bilden som projiceras från den holografiska filmen/plattan.

Till och med *världsdramat djupt i själen* är som en holografisk film/platta. Det är som om denna holografiska film/lagret kombineras med 2D SVD (som också är en holografisk film/lager) för att bli en fullständig holografisk film/lager, eftersom själens energier är förvirrad med 2D SVD. Själens energier, som fungerar som ljuset för att projicera Ka från *världsdramat djupt i själen*, är kausala energier. Därför har de magiska förmågor att agera som ett "laserljus som projicerar hologrammet".

Från den vinkel som 3D SVD är ett hologram 2D SVD den **holografiska filmen/lagret i 3D SVD hologram**. *Världs-*

*dramat djupt i själen* är en del av denna holografiska film/lager, om människans själ är i den fysiska världen.

# Kapitel 12: Manusmriti 1.7 - Skapande av holografiska varelser

I Manusmriti, kapitel 1, avsnitt 7 [2], har det angetts:

"Den som kan uppfattas av det inre organet (enbart), som är subtil, oskiljbar och evig, som innehåller alla skapade varelser och är otänkbara, lyste fram av sin egen (vilja)."

Även om det är som om kvantumguden hänvisas till i ovanstående citat, ingår också rollerna hos Gud och de mänskliga själarna eftersom kvantumguden spelar en roll med Gud och de mänskliga själarna för skapelseprocessen. Därför hänvisar ordet "Han" i ovanstående citat till:

1. Gud och världsdramat inom Gud.

2. Mänskliga själar och världsdrama inom mänskliga själar.

3. Kvantumgud som har 2D VD, intryck av 2D SVD och de subtila formerna i SVD.

Orden "lyste fram" hänvisar till:

1. De subtila och holografiska kropparna som "lyste fram" enligt världsdramat. De mänskliga själarnas och kvantumgudens energier projiceras för skapandet av dessa.

2. Gud kommer in i den fysiska världen, i slutet av cykeln, och hans energier används genom mötesålder, **enligt världsdramat,** för skapandet av **den gudomliga världen och de gudomliga människorna** under den första halva cykeln. *KE-ljus*

*och kvantenergier* tjänar honom genom att skapa relevanta ängels kroppar etc. enligt världsdramat.

Under andra halvcykeln ger Gud visioner enligt världsdramat som finns inom Gud. KE-ljuset ger de subtila kropparna för dessa visioner **baserat på vad Gud ger** i visionerna. Dessa subtila kroppar skapas därför baserat på vad som finns i världsdramat som finns inom Gud. *Själens energier* använder dessa subtila kroppar, som har skapats, för att fungera som **subtila varelser**; själen upplever sig själv som den subtila varelsen, enligt världsdramat. Gud ger dessa visioner, som har subtila varelser "strålade fram" in i det holografiska universum, baserat på vad som finns i världsdrama djupt inom Gud. Kvantumguden ger miljön i det holografiska universum. Därför finns de subtila varelserna som har skapats i kvantumguden.

I början av mötesåldern, skapar Gud änglakropparna enligt världsdramat som finns inom Gud. Dessa är skapade, bortom den fysiska världen, för att få in det nya gudomliga holografiska universum under första halvcykeln. Det gudomliga KE-ljuset tjänar Gud i denna skapelseprocess enligt världsdramat. De gudomliga själarna använder dessa änglakroppar när de får BK-kunskap. Guds energier, de gudomliga KE-ljusenergierna och de gudomliga orsaksenergierna i mötesåldern är alla "lysande fram" för denna skapelseprocess. Skapandet av dessa änglalika varelser är inte detsamma som skapelseprocessen under andra halvcykeln. Detta kommer att förstås ytterligare genom att läsa de senare kapitlen i denna bok.

När den mänskliga själen kommer in i den fysiska världen, från själen världen, är vissa av de kausala energierna i själen (som har världsdramat) sammankopplade med 2D SVD. Det kommer att vara som om dessa kausala energier kombinerar *världsdramat inom själen* i 2D SVD. Därifrån "själens kausala energier" lyste fram "den subtila ljusformen av Ka (från världsdrama djupt inom själen) in i SLD. Samtidigt "lyser" *KE-ljus och kvantenergier* också den holografiska kroppen. Själen använder denna holografiska kropp för att bli den subtila holografiska varelsen.

*KE-ljus och kvantenergier* skapar kvantumvåg kropp, kvantumpartikel kropp och KE-ljusets kropp. Dessa existerar inom kvantumgudens energier (KE-ljuset och kvantenergierna som är involverade i skapelseprocessen i SVD) i det holografiska universum. Därför ligger de inom kvantumguden. När kvantumguden "lyste fram" KE-ljusets kropp, kommer de andra *KE-ljus och kvantenergierna* också att skapa den holografiska kroppen för den holografiska varelsen. På detta sätt skapas det holografiska varelsen med sin holografiska kropp eftersom allt annat också skapas i universum. Allt i naturen skapas baserat på det kombinerade tillståndet av naturens 2D VD och 2D SVD.

Orden "internt organ", i ovanstående citat, är en hänvisning till alla energier som subtilt kan förstå för att spela sina delar (inklusive deras förmåga att spela sin roll baserat på vad som har uppfattats) och även de inre organen i hjärnan som används för att uppfatta; det inkluderar:

1. Guds kausala energier.
2. Mänskliga själarnas kausala energi.
3. De inre organen i hjärnan som används för att se subtila former. Själen uppfattar subtila former genom att använda dessa inre organ, dvs själens kausala energier uppfattar det som uppfattas genom hjärnan. Till och med det som finns i världsdramat djupt i själen, och de subtila formerna där, uppfattas genom att använda dessa inre organ. Hur dessa inre organ an-

vänds för att uppfatta kommer att diskuteras vidare i en efterföljande bok när jag diskuterar användningen av hjärnan.

4. KE-ljus och kvantenergier som är involverade i att skapa det som existerar i SVD.

5. Kvantumgudens förmåga att existera som den subtila vågformen och den materiella formen. Kvantumgud använder denna förmåga baserat på vad som uppfattas (från intrycket av 2D SVD i KE-ljuset och kvantenergier).

Orden "Han som kan uppfattas av det inre organet (ensam)" återspeglar också:

1. Hur Guds kausala energi kan uppfatta världsdrama som finns inom Gud.

2. Hur orsaksenergierna hos den mänskliga själen kan uppfatta världsdrama som är djupt i själen.

3. Hur *KE-ljus och kvantenergier* kan uppfatta informationen i 2D SVD som har lämnats som ett intryck i kvantumgudens energier.

Orden "som innehåller alla skapade varelser och är otänkbara" återspeglar:

1. Hur världsdrama har en form av alla varelser som existerar på jorden. Världsdramat inkluderar SVD i det holografiska universum, världsdramat inom Gud och världsdramat inom alla mänskliga själar. Gud, de mänskliga själarna, kvantumgud och vad som finns i SVD är "tänkbara" eftersom vi inte kan ha en korrekt föreställd idé om hur de är. Vi kommer inte att kunna fullt ut förstå vad som finns i SVD och i *världsdramat som finns inom Gud och mänskliga själar*.

2. Hur *KE-ljus och kvantenergier* har ljusformer och vågformer i SVD (för alla varelser som finns på jorden). Dessa subtila former finns i det holografiska universum. Vi kan inte

föreställa oss hur den subtila vågformen ser ut eftersom kvantvågor inte har någon specifik form. Det är överallt.

Guds energier, de mänskliga själarnas energier, *KE ljus och kvantenergier* är alla "subtila, oskiljbara och eviga" som beskrivs i ovanstående citat. Ordet "som innehåller alla skapade varelser och är otänkbart, lyste fram av sin egen (vilja)" återspeglar:

1. Hur själens kausala energier "lyste fram" Ka till SLD, som den holografiska varelsen. När Ka "lyser fram" använder själen naturligtvis Ka (som har projicerats) för att bli den holografiska varelsen eftersom Ka i världsdrama djupt inom själen representerar själen som spelar sin roll i världsdramat. Världsdramat, som ligger i det undermedvetna självet, har de subtila Ka-kropparna av alla inkarnationer som själen kommer att ta under en cykel. Alla dessa kommer att "lysas fram", som holografiska varelser, när det är dags för Ka att inkarnera.

2. Hur *KE-ljus och kvantenergier* automatiskt "lyser fram" den holografiska kroppen till där den holografiska varelsen finns. *KE-ljus- och kvantenergier* gör detta enligt vad som finns i 2D SVD. När den holografiska kroppen "lyser fram" används även den fysiska formen på jorden.

3. Hur Gud, som en ljuspunkt, kommer in i den fysiska världen och engagerar sig i den nya guldårs skapelsen (i slutet av varje cykel) genom att **lysa fram** sitt ljus enligt världsdramat.

4. Hur 2D SVD, från det nya holografiska universum, tillförs (för den nya cykeln) genom att Guds energier **lyser fram för att lämna** intryck från *världsdramat inom Gud* och **för att hjälpa** intryck som ska lämnas från världsdramat av alla mänskliga själar, innan Gud tar alla själar tillbaka till självärlden. Denna nya 2D SVD kommer att ha intryck av de

subtila Ka-kropparna, som kommer att användas för att skapa de holografiska organen för människorna i den nya cykeln.

Orden "lyste fram" återspeglar att skapelseprocessen är involverad. Orden "av hans egen (vilja)" återspeglar att Gud, *själarnas energier* och kvantumgud **automatiskt** engagerar sig i skapelseprocessen, när det är dags att göra det. Det finns ingen högre myndighet som instruerar dem att engagera sig. När den holografiska varelsen "lyser fram" in i SLD, tänds området (i 2D SVD) från vilket det "lyser fram".

Världsdramat som finns inom Gud (den högsta själen) lämnas kvar i kvantumgudens energier för att bli 2D SVD. Således är det som om Gud börjar skapandet av de holografiska organen. Eftersom dessa intryck finns i *KE-ljus och kvantenergier*, är 2D SVD i kvantumgud. Vad som finns i 2D SVD kommer att "lysas fram" i 3D SVD. Således har kvantumgud former av alla varelser:

1. I 2D SVD, och
2. i 3D SVD.

Eftersom Gud, kvantumguden, de mänskliga själarna och SVD är inblandade i "skapelsen", har ofta alla dessa framställts som begreppet "Gud" i hinduiska skrifter. SVD ger tid, eftersom 3D SVD flyter längs 2D SVD. Därför har till och med "tid" förknippats med begreppet "Gud" i de hinduiska skrifterna. Hinduistiska skrifterna använde "Gud" som ett begrepp eftersom de mellersta centrala mötesålderns gamla gudar/människor var involverade i vetenskapen. Forskarna i nutiden skulle inte föra "Gud" in i bilden när de försöker förklara kvantmekanik. Forskare i mötesåldern var emellertid inte begränsade på detta sätt. Således infördes Gud i deras förklaringar, och "Gud" har framställts i hinduiska skrifter som ett "begrepp" eftersom förklaringar också gavs om kvantteorierna. Man måste identifiera **vad man hänvisar till** när ordet Gud/Bhagavan eller något liknande som har använts. Man kan inte tänka blint på att Gud (den högsta själen) hänvisas till. Kvantumgud är inte Gud (den högsta själen); Kvantumgud tjänar Gud.

.........................................

**Fotnot:**

2. Manusmriti (The Laws of Manu), translated by George Buhler, The Sacred Books of the East, Vol. 25, 1886, Chapter 1, Clause 7; http://www.sacred-texts.com/hin/manu.htm

# Kapitel 13: Aura, chakras och virvlar

Aura är ett osynligt fält av energier som omger en person. Vissa av ingen info KE-ljus förvandlas till att bli *KE-ljus med info* för att ge *KE-ljuskropparna* från auran som vibrerar ut. Varje person har *KE-ljuskroppar,* som från auran, från början, vibrerar ut från. Var och en av dessa *KE ljus-kroppar* ger en aurakropp/fält i auran. När KE-ljusets kropp skapas, så skapas även dess aurafält samtidigt. Alla *dessa KE-ljuskroppar* är en del av den holografiska kroppen som överlappar den fysiska kroppen. Auran är också en del av den holografiska kroppen, men den överlappar inte den fysiska kroppen. Det är utanför den fysiska kroppen. Aura och varje subtil kropp i den holografiska kroppen, är som en holografisk kropp på egen hand; även om alla gemensamt är en del av den holografiska kroppen. Det sägas också att de subtila kropparna som överlappar den fysiska kroppen är den verkliga holografiska kroppen. Emellertid är auran också som en holografisk kropp då den används som den holografiska kroppen.

Sju aurafält skapas, när själens fysiska kropp skapas. Jag föredrar att hänvisa till *aurakropparna* som de aurafälten. När en **själ kommer in i fostret** skapas ***KE-ljusets kropp*** i det *sjunde aurafältet* och det *sjunde aurafältet* först. Därefter skapas de andra KE-ljusets kropp och deras aurafält. Detta kommer att diskuteras vidare i en senare bok. Jag diskuterar också bara kortfattat de aurafälten i denna bok. En mer detaljerad diskussion om funktionerna i varje auraområde kommer att genomföras i en annan framtida bok. För bekvämlighets skull kommer jag i detta kapitel att referera till alla aurafält som "aura" och jag kommer att hänvisa till alla *KE-ljusets kroppar*, från vilka alla aurafält vibrerar ut, som "KE-ljusets kroppar".

Auran är en del av det holografiska universum eftersom den består av elektromagnetiska energier som vibrerar ut från *KE-ljusets kroppar*. Dessa kroppar överlappar den fysiska kroppen, så det fungerar som om aura vibrerar ut ur den fysiska kroppen. *KE-ljusets kroppar* är inte synliga; auran är endast synlig eftersom den består av elektromagnetiska energier. Som ett resultat ser människor bara auran, som är utanför kroppen, och inte *KE-ljusets kroppar* som auran vibrerar ut från. Båda, *KE-ljusets kroppar* och deras aura, kopplar själen till allt i det holografiska universum.

Precis som de *elektromagnetiska energierna från de virtuella fotonerna* vibrerar ut från KE-ljusenergierna, vibrerar de *elektromagnetiska energierna från auran* från KE-ljusets kroppar. Detta liknar hur själens energier vibrerar, in i kvantdimensionerna, från själens metafysiska dimension. Själens energier förvandlas dock inte till icke-levande energier, eftersom de vibrerar till en annan dimension. Således kan vetenskapliga instrument inte upptäcka *själens energier* som vibrerar ut. Eftersom aura är elektromagnetiska energier kan vetenskapliga instrument upptäcka den. Eftersom auran består av energier som vibrerar ut från KE-ljuset kan aura återspegla själens fysiska, emotionella, mentala och andliga tillstånd.

Världen, inklusive människokroppen, fortsätter att förändras vid varje tidpunkt, även om vi inte är medvetna om den. Detta är den *kontinuerliga skapelseprocessen*. Den *kontinuerliga skapelseprocessen* är också för att underhålla allt som redan har skapats. KE-ljusenergier förändras i olika former när de är involverade i den *kontinuerliga skapelseprocessen. KE-ljus och kvantenergier* använder aura, chakra och subtila system, i *KE-ljus och kvantkroppar*, för att skapa den fysiska kroppens "skapande och näring".

Allt i den verkliga världen tillhandahålls genom virvlar som är energicentrum. Ett chakra är en virvel. Virvlarna som är involverade i att tillhandahålla den fysiska kroppen, kallas "chakras" som finns i den holografiska kroppen. Energier, från många olika källor, flödar in och ut ur kroppen genom dessa chakras. Till exempel absorberar varje chakra rent *KE-ljus och kvantenergier*, som är avsedda för den *kontinuerliga skapelseprocessen*, från gränsen till kvantvärlden. Dessa rena KE-ljus- och kvantenergier, som är involverade i den *kontinuerliga skapelseprocessen*, finns överallt i rymden runt omkring oss i **kvantdimensionen**. Dessa chakras absorberar *KE-ljus och kvantenergier* som är som "luft" i kvantdimensionen.

Det finns virvlar överallt i världen. Dessa virvlar öppnas och stängs enligt världsdramat Under andra halvcykeln har således bara vissa platser kraftfulla virvlar som förblir öppna hela tiden. Många virvlar förblir normalt nära om inte:

1. De är involverade och tillhandahåller något i den verkliga världen.

2. De är involverade i den *kontinuerliga skapelseprocessen.*

Kvanthavet (enhetligt fält) består av det första fältet och det andra fältet. Chakras och virvlar sammanfogar dessa två fält i det enhetliga fältet. KE-ljuset och andra kvantenergier, i dessa två fält, är ett *hav av KE-ljus och kvantenergier* som är involverade i skapelseprocessen. Energier strömmar in i det första fältet från *havet av KE-ljus* (från SVL: s djup) och från *havet av kvantenergier* (från djupet av kvantvärlden). Från det första fältet strömmar energi in i det andra fältet. Alla dessa håller det enhetliga fältet i ett kraftfullt tillstånd.

*KE ljus- och kvantenergier* från det **första fältet** flödar, genom chakras och virvlarna, för att gå in i det **andra fältet** för att materialisera den verkliga världen. *KE-ljuset och kvantenergierna* i det första fältet är rena. En del av dessa rena energier flyter genom virvlarna/chakras för att gå in i det andra fältet som är på andra sidan av virvlarna/chakras. *KE-ljus och kvantenergier* i det andra fältet **materialiserar** de verkliga formerna, inklusive våra fysiska kroppar. Om chakras/virvlarna förblir öppna, *KE-ljuset och kvantenergierna* i det andra fältet förblir rena. Men när **chakras/virvlarna stänger** *KE-ljuset och kvantenergierna*, i det andra fältet, blir orena genom påverkan av **energierna från orena** själar och miljö.

Till och med kvantenergier spelar en roll i KE-ljusenergierna i *det första och andra fältet*. Det är en anledning till att jag använder orden "KE-ljus och kvantenergier". Dessa ord innebär alla olika typer av *KE-ljus och kvantenergier.*

Det första fältet är mellan 2D SVD och det andra fältet. Vad som finns i 2D SVD påverkar energierna i det första fältet för att koda information när de har gått igenom virvlarna och befinner sig i det andra fältet. Det är som om energierna i det första fältet har informationen eftersom de är nära sammankopplade med 2D SVD för skapelseprocessen. Det är som om de tar med sig informationen från 2D SVD så att den kan kodas i det andra fältet. Detta är för att materialisera de verkliga formerna via de holografiska formerna.

Det forntida folket, i Indien, **hade bara lagt vikt vid de avgörande sju chakras** som spelade en viktig roll för *skapandet och underhållet* av de vitala funktionerna i kroppen. Det finns faktiskt många chakras över hela kroppen. De rena *KE-ljus och kvantenergierna* flödar genom dessa chakras för att skapa kroppens vågformer. Den mest avgörande vågformen är KE-ljus formen. Eftersom det finns en våg form finns det också kvantumpartikel kropp i det andra fältet. Eftersom denna kvantumpartikel kropp finns det också en riktig form.

Chakras är jämförbara med de *snurrande svarta hålen* som finns i rymden. Detta är en anledning till att de kallas "chakras", vilket är ett sanskritord som betyder "spinnhjul", "spinnande diskus" eller "virvel av energier". Ett chakra är en virvel av *KE-ljus och kvantenergier. KE-s ljus och kvantenergier* flyter in i den holografiska kroppen genom dessa chakras.

De svarta hålen är svarta i färg; den svarta färgen, de svarta hålen, är en återspegling av *kvantenergierna inom kvantvärlden* som inte är involverade i "skapandet" av det som finns i den verkliga världen. Chakras å andra sidan är **inte svarta** i färg eftersom de är energikontakter som är involverade i "skapandet" av den fysiska kroppen. KE-ljus spelar en viktig roll för skapandet av chakras. Precis som vitt ljus kan delas upp i sju färger, till och med KE-ljuset ger de sju färgerna. Därför har chakra olika färger.

Precis som svarta hål absorberar energi; absorberar chakran alla slags energier. Till exempel absorberar de energier från det första fältet och tar dem in i *KE-ljus och kvantkroppar* (som alla är en del av den holografiska kroppen). KE-ljus kommer också in i *KE-ljusets kroppar* genom chakras. Sedan, från *KE-ljuskropparna*, vibrerar aurans energier ut.

**Kroppens** chakra, öppnas och stängs enligt världsdramat. Dessa chakras finns i gränsområdet där skapelseprocessen äger rum. Således finns chakras i det holografiska universum och inte i den verkliga världen. På ena sidan av ett chakra som finns i kroppen, finns det partiklar. På andra sidan, som ligger utanför kroppen (i det första fältet), finns det bara vågor. Detta har återspeglats i hinduiska myter genom Vishnu som flyter i det forntida havet. Det kan också sägas att "Vishnu som flyter i det forntida havet" återspeglar hur *KE-ljuset och kvantenergierna* har förmågan att existera som partiklar eller som vågor i det andra fältet.

KE-ljus projicerar den holografiska **kroppen genom de många chakras** som också börjar existera som en del av den holografiska kroppen. KE-ljus initierar också skapandet av dessa chakras. Eftersom det också finns kvantpartikelkroppar och kvantvågkroppar, i den holografiska kroppen, är även de olika typerna av kvantenergier involverade i skapandet av chakras (efter att KE-ljus har inlett skapandet av chakras). Den holografiska kroppen som KE-ljuset lyste fram, under skapelseprocessen, har chakra inne i kroppen då **chakras även används för att underhålla alla *KE-ljus och kvantkroppar*** i den holografiska kroppen. *KE-ljus och kvantenergier* absorberas genom chakras för att upprätthålla den holografiska kroppen. Chakras förbinder det som finns inuti den holografiska kroppen till det som finns utanför, i det holografiska universum.

Aura är som ett chakra. Det tillåter energier, utanför den fysiska kroppen, att flyta in i kroppen. Således kan energierna från miljön och från andra komma in i personen genom auran. Aura tillåter också en persons energier, från själen och kroppen, att vibrera ut ur personen.

Det finns många virvlar/chakras över hela huvudet och kroppen. Själens energier vibrerar ut genom dessa för att spela en viktig roll i det holografiska universum. Även om en person tittade på oss bakifrån etc. blir vi medvetna om det. Dessa energier i själen, som har vibrerat ut från själen, finns i miljön/dimensionerna som ges av aura. KE-ljusenergier ger en miljö, inom auran, för själens energier att bo i (i det holografiska universum) så att själen kan leva sitt liv i den fysiska världen.

*Själens sinne* används för att skapa tankar, känslor etc. Energierna från dessa tankar, känslor etc. vibrerar in i auran genom personens chakra. Personens tankar, känslor etc. ligger i *själens sinne* och i personens aura.

Allt som är i *själens sinne* finns också i KE-ljus sinnet av den holografiska kroppen. KE-ljusenergierna tar det som finns i KE-ljus sinnet och skickar dem genom chakras, i huvudet, så att de går in i den *subtila passagen i ryggmärgen*. Därifrån går de igenom relevanta chakras och reflekteras i auran. Vibrationerna från KE-ljusenergier återspeglar personens tankar, känslor etc. genom olika färger i aura. Själens energier är osynliga. Vibrationerna från KE-ljuset är emellertid synliga som färgade ljus, medan de återspeglar tankarna etc. hos personen i auran. Detta gör det lätt för andra att veta vad man tänker på osv. Vidare är vibrationerna från KE-ljuset, i auran, närmare allt i den fysiska världen än själens energier. Detta hjälper också andra att lätt ha kunskap om och känna igen själens tankar, känslor etc.

Om själen inte hade *hjärnan, den fysiska kroppen, KE-ljusets sinne* och *den holografiska kroppen*, skulle själen inte kunna känna eller tänka. Själens tankar, minnen etc. lagras i själen, även om själen skapar, ser och använder dem genom hjärnan, KE-ljusets hjärna och aura.

KE-ljusenergierna, från chakras och i auran, gör det möjligt för själen att leva sitt liv enligt världsdramat. Dessa energier måste användas i den holografiska kroppen, så att:

1. Själen kan känna känslor som den holografiska varelsen och som personen.

2. Själens känslor uttrycks för världen genom den holografiska kroppen och den fysiska kroppen.

Eftersom auror kan ansluta till varandra, kan själar subtilt kommunicera med varandra genom sin aura. Själen använder auran för att interagera och kommunicera i det holografiska universum. När en person skapar en tanke för att subtilt kommunicera med en annan, finns tanken också i KE-ljusets hjärna. Personens tanke, från *själens sinne* och från KE-ljusets hjärna, genomsyrar auran genom chakras. Därifrån går det in i andras aura. Från deras aura fortsätter tanken genom deras chakra för att gå in i deras KE-ljusets hjärna. Det som finns i KE-ljusets hjärna är också i *själens sinne.* Själen blir således medveten om den subtila kommunikationen. KE-ljusenergier kan inte tränga in i själen. Emellertid kan en annan själs energi gå in i själen om personen tillåter andras tankar etc. att komma in. Detta är inte lämpligt om en annans **laster** kommer in i själen på grund av den destruktiva karaktären hos lasterna. Kärlek från en annan har ett gott inflytande.

KE-ljusenergier tillhandahåller också den subtila miljön för själens tankar att flyta runt, när de subtilt kommunicerar med andra. Själar kommunicerar faktiskt subtilt och interagerar med varandra i det holografiska universum, men i den verkliga världen är människor inte medvetna om det. Människors själar vet vad andra tänker etc. eftersom alla bor i det holografiska universum men eftersom människor är i dödligt tillstånd, är det medvetna jaget inte medvetet om vad andra tänker osv. Om man var det kausala jaget, skulle man veta vad andra tänker, eftersom det kausala jaget bor i det holografiska universum.

Auran expanderar för att låta *själens energier* resa långt bort från själen. Således kan man också uppfatta vad som är långt borta, genom det holografiska universum.

I den här boken ger jag ingen detaljerad förklaring om chakras funktioner.

# Kapitel 14: Världsdensitet

Den fysiska världen består av den verkliga världen och det holografiska universum. Den verkliga världen och det holografiska universum är två olika dimensioner av olika densitet. Det finns många kvantdimensioner av olika densitet, inom det holografiska universum. Varje dimension, i den fysiska världen, är en egen "värld".

I den här boken återspeglar jag densiteten av dimensioner baserade på andliga upplevelser och baserat på hur partiklarna blir tätare för skapelseprocessen. Jag har inte återspeglat densitet baserat på teorin om kvantmekanik. Forskare säger att kvantenergierna i vakuumets kvantfluktuationer är tätare än massan. Oavsett om det är i andliga upplevelser, upplever vi normalt den materialiserade världen som under oss. Vidare blir partiklar tätare för materialiseringsprocessen. I den här boken lägger jag mer vikt åt de andliga upplevelserna och skapelseprocessen. Det är bara i min bok "Expansion of the Universe" som jag ger förklaringar baserade på teorin om att energier i kvantfluktuationerna är tätare än massa, eftersom energitätheten för kvantens energier är högre än för massan (i den verkliga världen). Även om det i spirituella upplevelser är energierna från det holografiska universum lättare än energierna i den verkliga världen och det är **som om** det holografiska universum är ovanför den verkliga världen, överlappar vissa delar av det holografiska universum den verkliga världen, medan andra delar av det holografiska universum är utanför den verkliga världen. Till exempel är *KE-ljuset och kvantenergierna* som **inte** är involverade i skapelseprocessen utanför den verkliga världen.

Världen/rymden som vi använder för att leva våra liv på jorden finns i den verkliga världen. I den verkliga världen är *jordens yta ända upp till himlen* ett världssteg för världsdramat på jorden. För att skapa vad som måste existera i detta område av den verkliga världen, uppstår *KE-ljus och kvantenergier* genom virvlar. Dessa virvlar börjar precis under *jordytan* och snurrar upp till det yttre rymden eftersom dessa virvlar tillhandahåller det som finns från *jordens yta* ända upp till det som finns på himlen. Eftersom de **tätaste** energierna utgår från spetsen av dessa virvlar, används de täta energierna för att skapa det som finns precis ovanför *jordens yta* (i området där vi bor på jorden). Eftersom de minst täta energierna kommer ut från högre upp dessa virvlar, används dessa minst täta energier för att skapa det som finns i det yttre rymden. Detta är anledningen till *effekterna av kvantenergierna* i det yttre rymden. Detta är bara ett exempel på en virvel. Det finns många virvlar som ger olika saker. Till och med människokroppen skapas genom virvlar som kallas chakras. Dessa virvlar/chakras ger också aurafält i auran. Precis som det finns en skillnad i *miljön precis ovanför jorden* och i *miljön i det yttre rymden*, finns det också skillnader i *aurafält* i auran.

Varje aurafält är som en egen värld eftersom varje fält är en kvantdimension som skapas genom energier med en annan densitet. Egentligen är energierna i aura i ett tillstånd som är mellan "kvantum" och "verklighet". Den består av energier som är mindre täta än energierna i den verkliga världen. Energierna i auran är i ett förtidstillstånd. Detta tillstånd är en av de tillstånd som *KE-ljus och kvantenergi* befinner sig i, innan de materialiseras någonting i den verkliga världen. Trots detta kan man säga att de aurafälten är kvantdimensioner eftersom de inte är i ett "verkligt" tillstånd.

Normalt finns det sju aurafält inom en persons aura. Vissa av de fälten används dock inte hela tiden. Till exempel, under den andra halvcykeln, används inte längre de högre aurafälten när personen växer upp. En vuxen person använder normalt bara de fyra aurafälten som är närmast kroppen, om den vuxna lever ett liv där han känner att han är kroppen, dvs han lever ett icke-andligt liv. Om en person levde ett spirituellt/religiöst liv, använder personen de högre fyra aurafälten (av de sju aurafälten). Dessa högre aurafälten är längre bort från kroppen. Om personen har utvecklats andligt, i en mycket stor utsträckning, kan personen använda aurafälten som finns utanför dessa sju aurafält. Varje fält är mindre tätt än det under. Således är energierna i auran, som är närmare kroppen, tätare, medan energierna i de högre aurafälten, som är längre bort från kroppen, är mindre täta. Varje högre aurafält är mindre tätt eftersom KE-ljusenergier, som ger aurafälten, **lämnar** personens chakras under **olika nivåer**.

Baserat på mina erfarenheter kommer jag att dela upp chakras i sju divisioner. Energierna som skapar det första aurafältet (eterisk kropp/fält) kommer från den första divisionen, nära spetsen av chakran. Det andra aurafältet skapas av energierna som lämnar chakras andra division. Således är det mindre tätt än det första aurafältet. Varje högre aurafält skapas genom en högre uppdelning i chakran. Det sjunde aurafältet skapas av KE ljusenergier som går ut från *sjunde divisionen i chakra*, som är längst från den fysiska kroppen. Det sjunde aurafältet är således det minst täta. Chakras skapas bortom huvudet, så att de tillhandahåller de aurafälten som ligger utanför det sjunde aurafältet. Eftersom densiteten för varje aurafält är annorlunda, är varje fält som en egen värld/dimension, även om alla aurafält **är kopplade till varandra** för att hjälpa själen att leva sitt liv (i den verkliga världen och i det holografiska universum).

Inom det holografiska universum finns det ett antal *KE-ljus och kvantdimensioner.* Vissa av dessa *KE-ljus- och kvantdimensioner* är involverade i att materialisera den verkliga världen. För enkelhets skull kommer jag att hänvisa till "**alla *KE-ljus- och kvantdimensioner* som är involverade i att materialisera den verkliga världen**" som kvantdimensionen i den verkliga världen.

Precis som olika aurafält som ges av de olika divisionerna i dessa chakras, tillhandahålls även olika kvantdimensioner av **olika densitet** längs virvlarna som är involverade i att realisera den verkliga världen. Det finns därför många verkliga kvantitetsdimensioner längs dessa virvlar. Trots detta är det bara en av kvantdimensioner som realiserar den verkliga världen vid en viss tidpunkt. Det finns många verkliga kvantitetsdimensioner som inte är involverade i att skapa den verkliga världen under den tidpunkten. De kan dock spela en roll i att skapa den verkliga världen vid en annan tidpunkt. *KE ljus- och kvantenergier* är inte bundna till en plats. De kan vara på en av många platser och de finns överallt. Detta återspeglar hur energier fungerar som en. Således kan den verkliga världen existera i någon av de verkliga kvantitetsdimensionerna. Det är en fråga om var den ska vara belägen. Densiteten för den verkliga världen förändras, baserat på vilken verklig kvantdimension som ges till den verkliga världen.

Från det första fältet går de rena *KE-ljusenergierna* in i det andra fältet, genom många virvlar. Energierna kommer från de snurrande virvlarna. Energierna som kommer ut från spetsen av dessa virvlar är väldigt täta. Mindre täta energier kommer ut från dessa virvlar på högre nivåer. Följaktligen används mindre täta energier för skapelseprocessen när virveln snurrar ut till en högre höjd. Energierna som dyker upp nära virvlarnas kant är de minst täta. Om den verkliga världen ligger nära spetsen av virveln, kommer den att vara en tätare verklig värld. Om den verkliga världen ligger längre bort från virvelns spets, nära virvelkanten, kommer den att vara en mindre tät verklig värld. De mindre täta energierna skapar en mindre tät värld. Det finns mindre virvlar inom dessa huvudsakliga virvlar som är involverade i att realisera den verkliga världen. Den verkliga världen är därför på spetsen av de viktigaste virvlarna och det finns mindre virvlar på spetsen som materialiserar vad som finns i den verkliga världen. Till exempel kommer spetsen på några av de mindre virvlarna att ligga precis under jordytan och kanten på dessa mindre virvlar kommer att vara i yttre rymden. Dessa mindre virvlar finns i det andra fältet. Eftersom de är belägna i de viktigaste virvlarna, är de också anslutna till det första fältet. Energierna som kommer in i det andra fältet skickas ut från de viktigaste virvlarna, genom de mindre virvlarna, för att realisera den verkliga världen.

Det första och det andra fältet finns överallt i den verkliga världen. Det första fältet, det andra fältet och den verkliga världen är dock alla olika dimensioner. Från det första fältet dyker det upp energier genom virvlar för att strömma in i det andra fältet. Den verkliga världen kan vara belägen var som helst längs dessa virvlar, i det andra fältet.

Under den första halvcykeln kommer den verkliga världen att ligga nära virvelkanten eftersom mindre täta energier används för att skapa den verkliga världen. Eftersom de mänskliga själarna är i det gudomliga tillståndet kommer KE-ljuset att vara mycket kraftfullt. När de snurrar ur virvlarna kommer de därmed att snurra ut till en mycket hög nivå. Detta trycker virvelkanten till en högre nivå. När virvelkanten rör sig till en högre nivå, flyttar SVL, SVD och den verkliga världen till en högre nivå. De finns därför som högre dimensioner, över kvantvärlden.

I slutet av silveråldern, när själens energier förvandlades till det vanliga tillståndet, tappade KE-ljusenergier även sitt kraftfulla tillstånd. Således kunde de bara snurra ut, som virvlar, till en mindre höjd. Därför föll SVL, SVD och den verkliga världen ner i kvantvärldens gräns. Från den centrala mötesåldern till slutet av Kaliyug har den verkliga världen sjunkit närmare spetsen av virveln eftersom:

1. Människor har i högre grad övergett sig till lasterna.
2. Mänskliga själarnas andliga styrka har långsamt minskat med tiden.

Den centrala mötesåldern hade sett och levt i många världar när deras andliga styrka sjönk. *KE-ljus och kvantenergier*, som ger miljön för själen, blir tyngre:

1. när själens andliga styrka minskar, och
2. när laster och synder samlas in i själen.

Den verkliga världen fortsätter att släppa ner i en tätare kvantdimension. Som ett resultat av detta lever folket i en tätare verklig värld som materialiseras av tätare *KE-ljus och kvantenergier.*

*KE-ljus och kvantenergier*, som materialiserar Kaliyugs verkliga värld lämnar virvlarna nära spetsen av virvlarna. Det används därmed mycket täta energier för att skapa den verkliga Kaliyug-världen. Den tätaste verkliga kvantdimensionen materialiserar den verkliga världen, i slutet av Kaliyug.

KE-ljusenergierna är mindre täta än kvantenergierna. KE-ljusenergier ligger således över kvantenergierna. Därför ligger SVL över kvantvärlden under den första halvcykeln och det är nära kanten av kvantvärlden i den andra halvcykeln.

SVD är som en egen dimension. Inom denna dimension finns det fler dimensioner. SVD är i gränsen mellan två dimensioner: SVL och kvantvärlden. Energier från båda (SVL och kvantvärlden) är involverade längs denna gräns för skapandet. Området där skapelseprocessen äger rum finns överallt i SVD och den verkliga världen. Egentligen är området där skapelseprocessen sker i SVD men allt som finns i SVD materialiserar den verkliga världen och dess världsdrama. Det är därför som om båda, SVD och den verkliga världen, upptar samma utrymme. Eftersom SVD involverar gränserna mellan SVL och kvantvärlden, är dimensionen av SVD mellan SVL och kvantvärlden. Ändå är det inte på detta vis eftersom tätheten av KE-ljusenergier förändras baserat på det andliga tillståndet för de mänskliga själarna. KE-ljusets densitet förändras eftersom de ger miljön för själens energier. De påverkar således av själens energier.

Under den första halvcykeln befann sig de mänskliga själarna i ett rent gudomligt perfekt tillstånd, även KE-ljusenergierna var i ett rent gudomligt perfekt tillstånd. I detta tillstånd var de mycket fina och lätta (mindre täta). Eftersom själarna och KE-ljusenergierna var i ett rent perfekt gudomligt tillstånd, var SVL högre upp, över kvantvärlden. Den gudomliga verkliga världen var också mindre tät eftersom:

1. Lättare (mindre täta) energier användes för att skapa den verkliga världen.

2. Energierna i den verkliga världen var också i deras rena fullkomliga gudomliga tillstånd.

Eftersom mindre täta energier var involverade i skapandet, var SVD högre upp. Det var inom SVL gräns. Eftersom SVL och 3D SVD var högre upp, var den verkliga världen också högre upp. Dessutom materialiserade lättare energier den gudomliga världen och energierna (som lämnade virvlarna) var ut på en högre nivå och i en högre höjd. Således var den gudomliga verkliga världen högre upp. Den gudomliga världen var i en högre dimension, även om den upptog samma utrymme som vår nuvarande verkliga värld.

När SVD rör sig upp eller ner i virvlarna är det den verkliga kvantdimensionen som materialiserar den verkliga världen annorlunda. Således realiserade en annan verklig kvantdimension den verkliga världen under första halvcykeln och en annan verklig kvantdimension verkliggjorde den nuvarande Kaliyugvärlden.

Under den centrala mötesåldern förvandlades de mänskliga själens energier till det mindre kraftfulla, vanliga tillståndet. Således förvandlades *KE-ljus och kvantenergier* också till det mindre kraftfulla, vanliga tillståndet. Detta medförde en enorm minskning av virvlarnas höjd. SVL, SVD och den verkliga världen flyttade därför ner till gränsen för kvantvärlden. De sjönk också eftersom KE-ljusenergierna blev tätare. Tätare energier är tyngre. Eftersom KE-ljuset gav miljön för *själens energier*, förvandlades de till att bli tätare när *själens energier* förvandlades till det vanliga tillståndet. Om laster används blir KE-ljus (som ger miljön för lasterna) oren som är täta. Eftersom mänskligheten i större utsträckning gav efter för lasterna, från början av andra halvcykeln, höll SVD och den verkligen världen sig djupare in i kvantvärlden och den fysiska världen.

I början av andra halvcykeln sjönk KE-ljuset också för att det har ett "medvetande". Kvantenergier har inte ett medvetande. *Kvantenergierna utan KE-ljuset* är som de *fysiska kropparna* utan själarna. Precis som hur mänskligt medvetande föll in i kvantvärlden, ändå sjönk KE ljus in i kvantvärlden.

Eftersom världen under den *första halvcykeln* är mindre tät, hade folket också kroppar som var mindre täta. Eftersom vi lever i en mycket tät värld nu:

1. Kropparna skapas också genom mycket tät *KE-ljus och kvantenergi*.

2. Auran kommer att bestå av mycket täta energier. Trots att energierna är mycket täta, finns det skillnader i densiteten för alla aurafält.

Kvantdimensionerna, som materialiserar den verkliga världen, existerar permanent eftersom den verkliga världen finns permanent. Mer än en kvantvärld ser ut som vår verkliga värld eftersom kvantdimensionerna materialiserar den verkliga världen i steg. Människor kan använda några av dessa kvantdimensioner som den värld som de lever i. Men man kan inte bara använda dem som man gillar eftersom människors medvetande finns i den verkliga världen. Ett sätt att gå in på kvantdimensionerna är genom att resa med ljusets hastighet. Man kan också uppleva olika kvantdimensioner under subtila upplevelser. Ens aurafält kan utvidgas genom den verkliga kvantdimensionen. Därför kan man ha erfarenheter av olika kvantdimensioner som realiserar den verkliga världen. I myter och antika texter har de olika typerna av *KE-ljus och kvantdimensioner och* de olika verkliga kvantdimensionerna framställts som andra världar, himmel, subtila dimensioner, andra planeter, andra planetsystem, etc.

Mellan år 1996 och 2001, när jag åkte hem igen efter att ha lyssnat på BK murlis (Guds meddelanden i Brahma Kumaris), hade jag många erfarenheter av att gå in i *KE-ljus och kvantdimensioner*. I mina erfarenheter gick jag ibland in i KE-ljus och kvantdimensioner som materialiserar den nuvarande verkliga världen. Vid andra tillfällen gick jag in i en annan verklig kvantdimension eller i dess *KE ljus- och kvantdimensioner* som fanns på en annan nivå längs virvlarna. Eftersom det var mycket tidigt på morgonen fanns det ingen trafikstockning, så jag kunde köra utan att stoppa, när jag började köra på motorvägen (motorvägen mellan Kuala Lumpur och Petaling Jaya, i Malaysia). Så snart jag skulle köra in på motorvägen började jag gå in på kvantdimensionerna. När jag var i kvantdimensionerna verkade det som om jag flög väldigt snabbt i min bil. Jag såg till att jag körde **inom** de tillåtna hastighetsgränserna, så jag körde faktiskt inte snabbt, även om det verkade som om jag flög eller åkte snabbt. Trots att jag fortfarande körde på vägen verkade det som om jag svävade lite ovanför vägen.

Ibland, när jag skulle gå in i en kvantdimension, såg det ut som att det blev mörkt, som om det skulle regna. Då skulle atmosfären se härligt vacker ut med tydliga blå himmel. Även om denna värld ser ut som vår, kändes den annorlunda (mindre tät eller lättare). Det verkar som om jag flög väldigt snabbt i min bil, när jag var i den lättare dimensionen, även om jag fortfarande körde bilen som normalt. Ibland gick jag inte igenom fasen där det var mörkt, då gick jag rakt in i en lättare dimension och det kändes som om min bil flög väldigt snabbt. När jag rörde mig genom varje dimension såg jag att det var skillnad i miljön runt mig. Vissa av dimensionerna var lättare (mindre täta) än andra dimensioner. Min uppfattning var att jag skulle gå upp när jag flyttade från dimension till dimension. Detta kan ha varit en återspegling av dimensioner för dimensioner.

När jag var tvungen att stoppa bilen, på grund av en trafikstockning, kom jag ner från kvantdimensionerna tillbaka in i den nuvarande verkliga världen. Jag såg bilarna bredvid mig när jag äntligen var i den nuvarande verkliga världen. Under dessa erfarenheter visste jag att jag fortfarande körde längs motorvägen. Ibland var jag dock inte säker på var de andra bilarna var. Kanske var vägen tom, även om den inte borde ha varit tom eftersom så många människor hade kört till jobbet vid den tiden. Dessutom, hur kan ett trafikstopp plötsligt existera?

När jag kom tillbaka till den verkliga världen förändrades stämningen runt mig. **Precis innan** jag kom in i den verkliga världen, blev det ett gulaktigt ljus i atmosfären, även om världen såg ut precis som vår verkliga värld. En gång öppnade en person i bilen bredvid sitt bilfönster mycket snabbt och såg runt min bil. Jag hade precis kommit tillbaka till den verkliga världen och jag kunde fortfarande se lite gult ljus i miljön. Jag undrade om han också kunde se det, eftersom han såg ut som om han såg något konstigt och oförklarligt. När han såg mig titta på honom såg han på mig bara ett ögonblick, sedan gick han tillbaka och tittade på atmosfären runt min bil.

När jag kom ut ur dessa upplevelser körde jag fortfarande hem längs motorvägen. När jag kom hem och tittade på tiden, trodde jag att jag hade kommit till mitt hem för snabbt.

I några av mina upplevelser kunde jag se mer än en dimension/värld på samma gång. I dessa upplevelser var jag i en högre dimension/värld och det fanns en annan dimension/värld som var under mig. Jag var högre uppe än i alla mina andra upplevelser. I dessa två världsupplevelser kändes det som om jag var kopplad från den dimension som var under mig; Under mina andra upplevelser hade jag inte denna känsla av att vara avskild från dimensionen som låg under mig. I mina andra upplevelse uppfattade jag faktiskt inte två dimensioner som existerar samtidigt. Jag hade bara gått in i en annan dimension som var över den verkliga världen eller som var över den tidigare dimensionen. Jag hade bara sett den dimension som jag hade varit i, men ibland var det som om jag var i luften precis ovanför vägen. I mina två världsupplevelser flyttades ibland den lägre dimensionen lägre eller högre. Vid andra tillfällen flyttades dimensionen högre eller lägre, men dimensionen under mig förblev i samma position eller så skulle den också gå högre eller lägre. Under dessa upplevelser kändes det inte som att jag flyger snabbt i min bil. Jag körde min bil i den högre dimensionen, medan andra körde sina bilar i dimensionen nedanför mig. Jag kanske har upplevt de olika verkliga kvantdimensionerna i dessa erfarenheter.

De olika kvantdimensionerna och verkliga kvantdimensionerna tillhandahålls av energierna som rör sig ur de snurrande virvlarna. Det mesta av tiden kände jag inte att jag skulle gå igenom virvlarna men ibland verkade det som om den subtila miljön runt mig hade sett v-formad ut. Jag visste inte om virvlar vid den tiden, så jag hade inte förstått varför det verkade så.

Under en upplevelse försvann världen som vi lever i och stämningen fylldes med mer och mer gult ljus. Det började bli konstigt, jag tappade därför min lyckliga scen och blev rädd. Som ett resultat av detta stötte jag på ett mycket snabbt fall. Det kändes som om jag föll ner i en smal brant tunnel eller ett hål. Jag kunde se vad som fanns utanför tunneln och det verkade som om jag rörde mig ner i en öppen hiss där **miljön ständigt förändrades** (min kropp kvar i samma rum men det var som om jag föll). Istället för att se *golvet i en byggnad* åka förbi såg jag olika dimensioner åka förbi. Den branta tunneln kan ha varit en virvel. Gud kan ha gett mig dessa upplevelser, eftersom mitt andliga stadium var bra; **eller** så kan jag ha **lyfts upp till en högre dimension sedan den andliga scenen för mötesåldern** var för världsomvandling. Virvlarna runt mig kanske har börjat snurra till en högre nivå sedan de fick energi genom mitt lyckliga tillstånd. Sedan jag förlorade min rena scen måste jag ha förlorat förmågan att stanna kvar i den högre dimensionen eller/och virvlarna omkring mig kan ha börjat falla. Jag var därför tvungen att falla tillbaka till den nuvarande verkliga världen. Sedan dess såg jag till att jag inte tappade min lyckliga scen när något konstigt hände under sådana upplevelser.

Det finns några upplevelser som jag inte har förstått förrän nu. Jag är därför inte säker på hur jag ska klassificerar dem. Av dessa upplevelser kan det sägas att vi lever i mer än en dimension samtidigt och att vi gör samma sak i alla dimensioner. Samtidigt är det en fråga om vilken dimension vårt medvetande befinner sig i. Kanske påverkar dimensionens densitet vår kropp som vårt medvetande befinner oss i. Det kan finnas små skillnader i tiden mellan dimensionerna; därför kan vår kropp åldras snabbare eller långsammare, beroende på vilken dimension vårt medvetande är i. I dessa upplevelser körde jag min bil i en högre dimension. Jag körde inte riktigt **på** vägen trots att jag körde längs vägen; Jag befann mig högre upp än vägen och kunde se vägen under mig. När jag skulle svänga av vägen saktade jag ner. Därefter hände mycket konstiga saker. Till exempel var plötsligt min bil på en något annan plats längs vägen, bakom den plats där jag ursprungligen befann mig på. Samtidigt flyttades jag plötsligt in i en dimension på en annan nivå. Då var jag plötsligt längre fram längs vägen och i en dimension på en annan nivå. Sedan var jag "**på**" vägen och jag var längre fram på vägen. Fallen till de andra dimensioner var som "plötsliga ryck". Jag brukade betrakta dessa som testpapper och se till att "skräck" inte tog över från min höga saliga scen. När jag hade dessa upplevelser tittade jag inte på vad som hände med mig, jag koncentrerade mig på min andliga scen och på att köra bilen på ett säkert.

# Kapitel 15: Subtila upplevelser och nära dödsupplevelser i en mörk miljö

I subtila upplevelser och nära dödsupplevelser kan den svarta naturen av *Ingen-info KE och dess kvantdimension* upplevas när själen eller *energierna i själen*:

1. flyga genom en svart tunnel och/eller
2. är i en mörk kvantdimension.

Människor har dessa erfarenheter eftersom de är "**fångade**" i kvantvärlden. Man är i dödligt tillstånd när man fångas inom kvantvärlden. När man upplever att gå genom en svart tunnel lämnar ens medvetande den verkliga världen, den fysiska kroppen och kvantkroppen (som har information om ens fysiska kropp), och ens medvetande går igenom ett utrymme där det inte finns information om KE. När man upplever att vara i den svarta subtila dimensionen har ens **medvetande lämnat** den *verkliga världen, den fysiska kroppen och kvantkroppen* (*som har information om ens fysiska kropp*) och är **bland den ingen-info KE som är mörk.**

Själen är i den metafysiska dimensionen som är en del av SVL. Under den första halvcykeln låg SVL **över** kvantvärlden. Enligt världsdramat måste det vara på detta sätt eftersom de mänskliga själarna under första halvcykeln befinner sig i det kraftfulla **gudomliga tillståndet**. Folket befinner sig ständigt och naturligt i det självmedvetna tillståndet; därför är folket odödliga. Under den centrala mötesåldern förlorade dock själarna sitt **gudomliga tillstånd** och förvandlades till det svagare **vanliga tillståndet**. Själarna sjönk således djupare ner i den fysiska världen. Därför är själarna i *andra halvcykeln* i kvantvärlden. Tillståndet för allt annat i den världen är beroende av människans andliga tillstånd. Eftersom de mänskliga själarna föll in i kvantvärlden sjönk således SVL också i kvantvärlden. Eftersom att själar är i kvantvärlden känner människor under andra halvcykeln att de är deras kroppsliga kroppar. Detta är det "dödliga" tillståndet. I detta tillstånd **fångas** själarna i kvantvärlden i det holografiska universum, medan de lever sina liv i den verkliga världen. Under upplevelserna, där man går genom den svarta tunneln för att gå in i den subtila svarta dimensionen, lämnar själens energier kroppen och går in i den svarta kvantvärlden där ingen-info KE finns.

Det finns många olika saker eller former på jorden. Varje form har *kvantenergier med olika information*, vid gränsen av kvantvärlden där skapelseprocessen äger rum, då allt ser annorlunda ut på jorden. Gränsen till kvantvärlden, där skapelseprocessen äger rum, består av många olika fläckar av *"Ingen info KE och KE-ljus med info"* **bland** *ingen-info KE*. En medvetenhet är i **det utrymme** där ingen-info KE, när man upplever att vara i den subtila svarta dimensionen. Ens medvetenhet **har lämnat utrymmet som har information om ens kropp** och det har gått in i kvantdimensionen där det inte finns information om KE. Ingen-info KE är kvantenergier som är i sitt ursprungliga tillstånd. En del av dessa kodar information för att bli KE med Info, när de måste tillhandahålla en fysisk form på jorden. Den fysiska kroppen, som själen använder i den verkliga världen, finns baserad på informationen i kvantkroppen. Själen är uppslukad i denna kvantkropp. KE med Info spelar en roll med ingen-info KE, under skapandet och underhållet av den fysiska kroppen. Kvantkroppen är således **inte svart**. Det är **upplyst eller gråaktigt** på grund av KE-ljusets närvaro. Dessa **upplysta lappar** tillhör den mörka KE-informationen i kvantvärlden. När *själens energier* är i den svarta kvantdimensionen, är de i en dimension som inte är involverad i att förse den fysiska kroppen. Detta betyder att *själens energier* har flyttat sig ut från kvantens energier som är involverade i att förse den fysiska kroppen.

Själarnas energier **går genom** rymden i virveln, där det finns ingen-info KE, när människor upplever att gå igenom den svarta tunneln. De har ännu inte lämnat virveln för att bo i KE-dimensionen. De är i processen att gå igenom *divisionen av virveln* som leder till utgången eller inkörsporten till KE-dimensionen. Det finns en virvel (kronchakra) längst upp i huvudet som kan koppla själen och kroppen till alla olika dimensioner i det holografiska universum. De olika dimensionerna, i det holografiska universum, är också kopplade till varandra genom denna virvel. Själens energier behöver gå igenom denna virvel för att gå in i en annan dimension. Denna huvudvirvel har många mindre virvlar inom sig. Uppdelningen i huvudvirveln, som *själens energier* använder för att gå in i KE-dimensionen, är faktiskt en virvel på egen hand. Beroende på omständigheterna kan det vara en:

1. mindre virvel inom den större huvudvirveln,
2. virvel ansluten till huvudvirvel, eller
3. virvel ansluten till en liten virvel inom huvudvirveln.

Man måste passera huvudvirveln när man går in i alla olika slags dimensioner. När man går igenom huvudvirveln, kan man också passera den lilla virveln, som ger utgången till KE-dimensionen, medan man går in i andra typer av subtila dimensioner. Dessa upplevelser är en återspegling av hur ens medvetande **frigörs från kvantenergierna** som utgör kvantkroppen.

Det finns olika typer av kvantenergier som är involverade i att förse den verkliga världen och fysiska kroppar. Under subtila upplevelser upplever man normalt **inte** alla dessa kvantenergier som att de är i **olika** kvantdimensioner eftersom:

1. Det finns inga uppdelningar mellan *KE-s ljus och kvantenergier*. De fungerar som "en".

2. Vårt medvetande går normalt in i dimensioner som ser ut som "världar". Vi ser därför inte skillnaderna mellan energierna.

Trots detta finns det olika typer av kvantenergier (var och en i sin egen dimension) och eftersom det finns olika kvantdimensioner, kan man uppleva att gå igenom den svarta tunneln och/eller uppleva att vara i den svarta subtila dimensionen.

Om man bara hade en subtil upplevelse och inte en nära dödsupplevelse, är det bara ens medvetande som flyger ut ur den fysiska kroppen. Detta betyder: att endast en del av *själens energier* flyger ut ur den fysiska kroppen. Själen lämnar inte den fysiska kroppen. Senare, när man känner att man åter går in i kroppen, flyttar själens energier tillbaka till den fysiska kroppen. I de nära dödsupplevelserna kan något av följande hända:

1. Endast **själens energier** lämnar möjligen kroppen eller kan ha lämnat kroppen. Det är möjligt att själen ännu inte har lämnat kroppen, även om den kan vara på väg att lämna den.

Eftersom själen är på väg att lämna kroppen kan själens **energier** börja lämna men själen har inte lämnat kroppen helt.

2. Själen kan ha lämnat kroppen men den är fortfarande i auran. Eftersom den fysiska kroppen fortfarande har de aurafälten och själen inte har lämnat auran, kan själen komma in i kroppen och fortsätta använda den.

Det är först när man dör att själen lämnar den fysiska kroppen för att komma in i fostret vid nästa inkarnation. Själen lämnar inte den fysiska kroppen under subtila upplevelser. Nära döden upplevelser är annorlunda på grund av omständigheterna. Nära döden upplevelser kan bara upplevas under andra halvcykeln. Ingen upplever nära dödsupplevelser under första halvcykeln på grund av det perfekta tillståndet av allt i den fysiska världen.

Varje fysisk kropp tillhandahålls av kvantenergier som har olika information. När själen således lämnar en fysisk kropp och går in i ett foster, flyttar själen ur kvantenergier i en kropp och flyger in i fostrets kvantenergier. Själen flyger in och ut ur kroppar genom kronchakrat (sjunde chakrat) högst upp i huvudet. Själen går in och lämnar kroppen genom en virvel/tunnel. Denna virvel är emellertid **inte** svart eftersom *ingen-info KE och KE med info* ger kronchakrat. Detta chakra är anslutet till den mörka virveln som gör det möjligt för själen eller själens energier att gå in i den mörka kvantdimensionen där ingen-Info KE finns. Denna ***mörka virvel*** är som en svart tunnel eftersom det är ingången till den mörka kvantdimensionen där ingen-Info KE finns. Själen eller själens energier går igenom denna *mörka virvel* när personen upplever att gå genom en svart tunnel.

Var och en av de viktigaste sju chakras i kroppen har andra mindre virvlar i sig. Kronchakrat har många små virvlar. Dessa mindre virvlar är porten för olika typer av energier och dimensioner. Beroende på upplevelsens omständigheter kan den *mörka virveln* vara:

1. en av dessa mindre virvlar,

2. en mörk virvel som är ansluten till en av dessa mindre virvlar, eller

3. en mörk virvel som är ansluten till huvudchakrat.

Den "svarta tunneln" återspeglar också **vad som händer i kvantenergierna** som ger en miljö för *själens energier*. Det återspeglar hur *själens energier* **rör sig ut ur kroppen** genom en virvel. En virvel kan känns som en tunnel.

*KE-ljus och kvantenergier* måste ge en miljö/dimension för själens energier, medan själen är i den fysiska världen. Följaktligen när själen eller själens energier lämnar kroppen, kan de mörka kvantenergierna i den mörka virveln skapa en väg för själen eller för själens energier. Ingen-info KE förser miljön efter att själen eller själens energier har lämnat kroppen. Som ett resultat av detta känner man att man befinner sig i den *subtila svarta dimensionen* under dessa upplevelser.

Vanligtvis ger **KE-ljusenergier** en miljö för själens metafysiska energier. Men även **kvantenergier** kan ge en miljö. Därför kan människor ibland uppleva att de är i en svart subtil dimension, eftersom de ***icke**-KE-ljus*energierna **inte** kan spegla själens känslomässiga, mentala och andliga tillstånd, reflekteras inte själens medvetande i den *svarta subtila dimensionen* som liknar hur den reflekteras i aura.

I subtila upplevelser och nära döden upplevelser, om *själens energier* är **i eller kan se** den *svarta subtila dimensionen*, kan själen uppfatta andra själar och Gud (som ljuspunkter) eftersom Gud ger själen en upplevelse genom en vision. Gud ger erfarenheter, genom visioner, baserade på ens trossystem och baserat på världsdramat som finns inom Gud.

Under nära döden upplevelserna lämnar själen kroppen, även om det inte är dags att det ska hända. När själen går ur kroppen före tiden, kan Gud engagera sig i situationen genom att ge visioner för att vägleda själen. Detta händer enligt världsdramat.

Anta att en person som heter Jack har en nära döden upplevelse. Gud kan ge Jack vägledning genom en vision, genom att använda människor som är bekanta för Jack; och dessa bekanta personer kan vara människor som redan har dött. Gud använder människor som har dött eftersom det sedan forntiden har funnits en tro på att de människor som har dött kan återvända för att ge vägledning. Gud rättar sig efter denna tro på mänskligheten och i visionen kan det bekanta folket vägleda Jack. Men de *bekanta personerna* ger inte Jack vägledning; utan det är Gud som ger vägledningen. *KE-ljus och kvantenergier* förser de bekanta människor med subtila kroppar och får det att verka som om de bekanta människorna ger vägledning medan dessa människor befinner sig i en annan värld. Dessa människor är egentligen inte i den världen eftersom det bara är en vision som Jacks själ (eller själens energier) deltar i. Sådana visioner ges enligt världsdramat.

Under andra halvcykeln, om *själens energier* inte går in i den svarta subtila dimensionen, kan de gå in i en av de andra dimensionerna, till exempel kan de gå in i KE-ljusenergierna i SVL. *Själens energier* kommer att gå in i en av dessa dimensioner genom att strömma ut ur chakrat och sedan flyta in i den relevanta dimensionen. *Själens energier* rör sig runt, i den relevanta dimensionen, genom att använda auran eftersom auran expanderar för att tillåta upplevelsen. Om *KE-ljusets energier* förser en subtil miljö för själens energier, upplever själen inte den mörka kvantdimensionen. I dessa upplevelser kan själen uppleva gyllene ljus, vitt ljus, etc. Dessa ljus tillhandahålls av KE-ljusenergier, inom auran.

I nära döden upplevelserna kan själens eller själens energier förbli i de högre aurafälten som är kopplade till 2D SVD. Således kan själen kunna se sitt förflutna, nutid och framtid. Eftersom själens energier förblir i auran och själen inte har lämnat för att komma in i ett foster, kan man se sin egna kropp etc.

Djupet i kvantvärlden är ett *hav av kvantenergier*. Detta hav ger:

1. Kvantenergier (som kan förvandlas till *KE med info* under skapelseprocessen i SVD).

2. Kraftfull "energi" som kan användas i den verkliga världen, t.ex. som atomenergi.

Energier från *hav av kvantenergier* flyter in i kvantvärldens gräns. Ingen-info KE i gränsen för kvantvärlden:

1. Förser en miljö för SVD, som existerar vid gränsen av kvantvärlden, under andra halvcykeln.

2. Ström i det svarta energifältet.

Från svart energifält går kvantenergier in i **2D SVD**. Intrasslad med *avtrycket av 2D SVD i KE-ljus* finns ett lager av kvantvågor som också har informationen om 2D SVD. **Kvantenergier från det svarta energifältet** flödar in i detta *lager av kvantvågor som har informationen från 2D SVD* för att föra informationen, om 2D SVD, in i 3D SVD för skapande och *kontinuerlig skapande.* Från 2D SVD flyter kvantenergierna in i det första fältet. Sedan, från det första fältet, flyter de in i det andra fältet för skapande och *kontinuerlig skapande*.

Det första fältet och det andra fältet är involverade i att tillhandahålla 3D SVD. Färska energier, från det första fältet, flödar kontinuerligt in i det andra fältet under underhållet av det som finns i 3D SVD, dvs för den *kontinuerliga skapelse-processen*. Energier från det andra fältet flyter kontinuerligt tillbaka till det första fältet, eftersom färska energier fortsätter att strömma in i det andra fältet från det första fältet. De kvantenergier som är involverade i skapelseprocessen, i det andra fältet, är KE med info.

Det svarta energifältet, kvantvärldens gräns och kvantvärldens djup består av ingen info KE. Den *svarta subtila dimensionen,* som människor subtilt upplever, kan vara i något av följande:

1. Gränsen för kvantvärlden.
2. Svart energifält.

Eftersom gränsen för kvantvärlden är **kusten av *kvantenergiens hav***, skulle energierna där vara kraftigare. Så den svarta subtila dimensionen, som människor använder under upplevelser, är normalt i det svarta energifältet. Det svarta energifältet har en energinivå som är **acceptabel**.

# Kapitel 16: Kosmiskt medvetande och andra dimensioner

***KE-ljusenergierna* i SVL** är det "kosmiska medvetandet". Från SVL påverkar det alla olika former av *KE-ljus och kvantenergier* som finns överallt i den fysiska världen. Detta kosmiska medvetande fungerar som "en" med alla andra *KE-ljus- och kvantenergier*. Därför kan alla universellt befintliga KE-ljus- och kvantenergier också ses som det kosmiska medvetandet. Allt i den fysiska världen tillhandahålls av eller består av *KE-ljus och kvantenergier*. Således kan man säga att det kosmiska medvetandet finns i allt inom den fysiska världen och att det kosmiska medvetandet fyller hela det holografiska universum. När jag hänvisar till det "kosmiska medvetandet", hänvisar jag till **KE-ljusenergierna i SVL** som inte finns i SVD där den verkliga världen materialiseras.

Djupen hos SVL är ett *hav av KE ljusenergier.* Detta *hav av KE ljusenergier* är källan till:

1. KE-ljusenergierna (som kan förvandlas *till KE-ljuset med info* under skapelseprocessen i SVD).

2. Kraftfulla "energier" som kan aktivera det andliga tillståndet i allt som är nära det.

Det kosmiska medvetandet är detta **hav** av ren *ingen-info KE ljusenergier* som ligger i SVL djup. *SVLs gräns* är också fylld med rena ingen-info KE ljus-energier, från det kosmiska medvetandet, men *SVLs gräns* är *hav av KE-ljusenergiers strand*. De kraftfulla KE-ljusenergierna från havet flyter in i SVLs gräns **som hur vatten rinner ut på havets strand**. Ingen-info KE ljusenergier, i SVL gräns:

1. strömma in i det kosmiska fältet, eller

2. ge en miljö för *själens energier* som är i aurafält inom SVLs gräns.

**Ingen-info KE-ljusenergier i det kosmiska fältet** är ovanför *KE -ljusenergier som har avtryck från 2D* SVD och de befinner sig i ett tillstånd där de är redo att:

1. strömma in i 2D SVD och första fält, eller

2. ge en miljö för *själens energier* som är i aurafält inom det kosmiska fältet.

**KE-ljusenergier från det kosmiska fältet** ger information, som ligger i *"avtrycket av 2D SVD på KE ljus"*, i SVD för skapelseprocessen och den *kontinuerliga skapelseprocessen*. Eftersom energierna på det kosmiska fältet är redo att spela en roll i SVD kan det sägas att de är en del av SVD. Trots detta är det lämpligare att ansluta det kosmiska fältet till SVL eftersom dimensionen består av ren ingen-info KE-ljusenergier från det kosmiska medvetandet.

Från det första fältet blir KE-ljusenergierna utan information *KE-ljus med information* när de går in i det andra fältet:

1. för skapandet, och

2. för det *kontinuerliga skapandet*.

Under andra halvcykeln påverkas KE-ljusenergierna i det kosmiska fältet, Naturens 2D VD, 2D SVD och First Field för att förbli i rent tillstånd eftersom:

1. De ligger nära det kosmiska medvetandet.

2. De är kopplade från energierna i det andra fältet på grund av chakras mellan det första fältet och det andra fältet.

3. De påverkas inte av energierna i det andra fältet eftersom de är olika dimensioner/världar.

Under den andra halvcykeln är det kosmiska medvetandet inte lika kraftfullt som under den första halvcykeln. Men det är fortfarande i ett rent och kraftfullt tillstånd eftersom det kosmiska medvetandet är *ett **hav** av rena KE-ljusenergier* som har förmågan att hålla sina energier i ett rent och kraftfullt tillstånd. Ett hav av energier fungerar som en generator av energier. Oavsett detta är det inte samma sak som Gud eftersom det bara är Guds energier som kan förvandla *mänskliga själar och världen* till det perfekta gudomliga tillståndet. Det kosmiska medvetandet kan inte göra detta. När Gud förvandlar världen till det gudomliga tillståndet, i slutet av cykeln, förvandlas det kosmiska medvetandet också till det gudomliga tillståndet. Under den första halvcykeln hjälper **de mänskliga själarnas kraftfulla gudomliga energier** att hålla alla energier (inklusive kosmiskt medvetande) i det gudomliga tillståndet. Det kosmiska medvetandet kan bara förbli i det **gudomliga tillståndet om gudarna själar** är i det gudomliga tillståndet. I slutet av silveråldern, när gudarna själar förvandlas till det vanliga tillståndet, förvandlas således alla KE-ljus och kvantenergier (inklusive det kosmiska medvetandet) till det vanliga tillståndet.

"Guds själar" är de kraftfulla gudomliga själarna som tar inkarnationer under första halvcykeln. Människorna, under den första halvcykeln, är odödliga eftersom de ständigt och naturligt är självmedvetna. Det självmedvetna tillståndet är det andligt kraftfulla tillståndet där folket är medvetna om att de är själar. Människorna är under första halvcykeln konstant och naturligt själmedvetna eftersom de är i det perfekta gudomliga tillståndet. I slutet av silveråldern förlorar gudarna själarna sitt kraftfulla gudomliga tillstånd och de går ut ur den gudomliga världen. Sedan tar de födslar som ”dödliga” under andra halvcykeln. Dödliga är inte själmedvetna; de är kroppsmedvetna. De känner att de är kroppen och inte själen. Under mötesåldern förvandlas gudarna själar till att bli gudomliga igen.

Under den andra halvcykeln påverkar de rena energierna från det kosmiska medvetandet andra energier, inklusive själens energier, för att förbli i ett rent tillstånd. Många människor får dock inte detta stöd för att förbli rena eftersom virvlar stängs när människor övervinns av lasterna.

I allmänhet måste virvlar vara öppna för att de rena KE-ljusenergierna flödar in i det andra fältet. De rena energierna i det andra fältet påverkar enkelt energierna i närheten. Detta hjälper till att hålla världen i ett rent tillstånd. Virvlarna är emellertid inte alltid öppna under andra halvcykeln; de mänskliga själarna måste förbli rena för att:

1. hålla virvlarna öppna och
2. håll världen ren.

Forskarna i den centrala mötesåldern fann dock ett sätt att öppna virvlarna och att hålla virvlarna öppna, genom att använda meditation etc. Detta kommer att förklaras ytterligare i en efterföljande bok.

Eftersom SVL består av "ljusa" energier, är *själarnas ljusenergier* och det kosmiska medvetandet en del av SVL. Under andra halvcykeln **separeras själarna och det kosmiska medve-**

**tandet från varandra** när själarna börjar hänga sig i lasterna eftersom:

1. det kosmiska medvetandet består av mycket rena energier och

2. själarna kan inte ha en ren miljö när de använder lastarens orena energier.

Således är inte alla själar inom det kosmiska medvetandet i SVL. För enkelhetens skull, från och med nu, när jag hänvisar till **SVL av andra halvcykeln**, hänvisar jag till den dimension där det kosmiska medvetandet finns och **inte** till det område där själen befinner sig i eftersom det är de rena KE-ljusenergierna som ger miljö i SVL.

Under **andra halvcykeln** är dimensionerna inom den fysiska världen i följande ordning (från den högsta till den lägsta, **inom kvantvärlden**) (se även figur 1 längst bak i boken):

1. Kosmiskt medvetande (högst upp, i SVL-djupet, inom den övre delen i gränsen för kvantvärlden).

2. SVL: s gräns (i SVL, inom den övre delen i kvantvärldens gräns).

3. Kosmiskt fält (i gränsen mellan SVL och Quantum World, runt SVL-kanten, inom den övre delen i kvantvärldens gräns).

4. Det 2D SVD (inom den övre delen i kvantvärldens gräns).

5. Det 3D SVD (inom den övre delen i kvantvärldens gräns). Det 3D SVD innehåller det första fältet och det andra fältet. Det första fältet ligger under 2D SVD. Det andra fältet är under det första fältet.

6. Den verkliga världen (inom den övre delen i kvantvärldens gräns).

7. Svart energifält (inom den övre delen i kvantvärldens gräns).

8. Nedre delen i gränsen till kvantvärlden (kusten av *kvantenergiens hav*).

9. Djupet i kvantvärlden (kvantenergiens hav längst ner i kvantvärlden).

Under den andra halvcykeln befinner sig det kosmiska medvetandet i kvantvärlden, eftersom KE-ljusenergierna i SVL **påverkades av gudarna själarnas energier** i slutet av silveråldern. I slutet av silveråldern, när gudarna själar förlorade sitt gudomliga tillstånd och sjönk ner i kvantvärlden förlorade till och med SVL sitt gudomliga tillstånd och sjönk ner i kvantvärlden. Även om det kosmiska medvetandet är inom kvantvärlden, slås inte det kosmiska medvetandet **samman med kvantenergierna** i kvantvärlden. Det är i en **annan dimension** inom kvantvärlden. Endast KE-ljusenergier, som är involverade i skapelseprocessen i 3D SVD, slås samman med kvantenergierna som också är involverade i skapelseprocessen i 3D SVD.

Under den första halvcykeln är KE-ljusformerna i SVD alla en del av SVL. Även om kvantenergier finns i SVL: s gräns under första halvcykeln, är de inte en del av SVL; bara KE-ljus är en del av SVL. Under andra halvcykeln är det som om KE-ljusets former har lossnat från SVL, även om de består av ljusenergier, eftersom dessa KE-ljusformer finns i det andra fältet där energierna blir orena och tätare.

Tätare material är tyngre. Därför sjönk energierna under den centrala mötesåldern; och de fortsatte att sjunka till slutet av cykeln.

Det kan sägas att den verkliga världen ligger under SVD eftersom den verkliga världen består av tätare energier och tyngre material. Även i upplevelser skulle man se den verkliga världen under det holografiska universum. Men i verkligheten överlappar en enorm del av den verkliga världen och SVD. Endast *KE ljus-delen av 2D SVD* är ovanför det överlappade området, som en holografisk gräns bortom kanten av det synliga universum.

Det svarta energifältet, kvantvärldens gräns och kvantvärldens djup är tänkt att ligga under den verkliga världen. SVD är vid gränsen mellan kvantvärlden och SVL; således är kvantvärlden "under" den verkliga världen eftersom den verkliga världen överlappar SVD. Under andra halvcykeln befinner vi oss i ett nedsänkt tillstånd inom kvantvärlden som faktiskt är tänkt att vara "under" oss. Som en konsekvens av detta *har människor en upplevelse av att vara i den svarta subtila dimensionen*, under andra halvcykeln, befinner de sig i "underjorden". Dvs de befinner sig i en **"värld" som ska vara under** deras värld och 3D SVD. Eftersom vi använder den fysiska kroppen för att börja vår andliga ansträngning och denna fysiska kropp är ansluten till den *svarta subtila dimensionen*, kan vi enkelt gå in i den *svarta subtila dimensionen* innan vi går över till högre dimensioner.

Under andra halvcykeln ligger SVD **inom** gränsen för kvantvärlden och så:

1. Människor använder holografiska kroppar som finns i kvantvärlden.
2. En medvetenhet är inom kvantvärldens område.
3. Själarna är inom kvantvärlden.

Därför kan de mörka kvantenergier ge miljön för själen och dess energier. Kvantenergier hjälper inte själen eller dess energier att förbli i rent tillstånd. Så man kan uppleva olycka, medan man är i den svarta subtila dimensionen, och kvantenergierna kommer inte att påverka en att komma ut ur det tillståndet. Energierna i kvantvärlden påverkar inte heller att hålla världen i ett rent tillstånd, när energier utsätts för den. Å andra sidan, hjälper *energierna i det kosmiska medvetandet* själens yta att förbli i rent tillstånd. En förklaring om hur detta är möjligt ges i efterföljande böcker. Man kan bara ha det *kosmiska medvetandets energier* som en miljö om man använder de högre aurafälten; och man måste vara i rent tillstånd för att använda de högre aurafälten. Man upplever således inte olycka när man befinner sig i det *kosmiska medvetandets energier*. Själens rena energier och KE-ljuset påverkar varandra för att förbli rena. De rena energierna från det kosmiska medvetandet påverkar också att hålla världen i ett renare tillstånd, om energier utsätts för dem. Jämförs på detta sätt verkar det som om:

1. Man är i underjorden när man befinner sig i den svarta subtila dimensionen.
2. Man är i himlen när man befinner sig i det kosmiska medvetandet.

*Att vara i den svarta subtila dimensionen* är en reflektion av att vi är i det dödliga tillståndet. Vi kan bara vara i dödligt tillstånd, när SVD har sjunkit ner i kvantvärlden, eftersom dödliga endast finns i underjorden (andra halvcykeln). Den andra halvcykeln är underjorden eftersom vi kan uppleva det orena tillståndet och olyckan. Att vara i denna mörka miljö är alltså en reflektion av att vi befinner oss på underjorden.

Enligt BK kunskap skulle själar som har varit **i den fysiska världen sedan första halvcykeln** vara i sitt mest orena tillstånd nu. De skulle uppleva "helvetet" på jorden för alla felaktigheter i sina tidigare liv. Själar som just har kommit ner från själavärlden skulle njuta av ett himmelskt liv.

Det är den svarta ingen-info KE som ger den subtila miljön eller bakgrunden i det holografiska universum för själarna som har varit i den fysiska världen länge. Dessa själar skulle inte ligga inom det kosmiska medvetandet, i SVL. Själar som just har kommit ner från själavärlden skulle vara inom det kosmiska medvetandet, i SVL. Eftersom SVL är i kvantvärlden, kan själar lätt släppa ur det kosmiska medvetandet för att gå in i kvantvärlden när de börjar konsumeras av lasterna. Därefter tillhandahåller den svarta miljön i kvantvärlden den subtila miljön, eller bakgrunden i det holografiska universum, för dessa själar. Från denna vinkel kan kvantvärldens djup, kvantvärldens gräns och svarta energifältet kopplas till underjorden. "Underjorden" är helvetet eftersom själarna kommer att överväldigas av lasterna och nöja sig med alla sina felaktigheter. Eftersom själarna befinner sig i den **svarta miljön** i denna «underjorden», är det själarnas «natt».

I enlighet med BK-kunskapen är andra halvcykeln "Brahmas natt" eftersom den andra halvcykeln är en oren värld. Orena energier är "mörka". BK-kunskap säger att den andra halvcykeln, särskilt Kaliyug-världen, är helvetet (eller underjorden) eftersom människor lider, upplever olycka etc.

*Havet av kvantenergier* tillhandahåller mycket kraftfulla energier som kan missbrukas för att åstadkomma destruktiva händelser, t.ex. som atomenergier. Dessa kraftfulla energier finns överallt i kvantvärlden. Därför är det som om själarna ligger vid "helvete".

KE-ljusenergier initierar det som behöver existera i den verkliga världen. Således är "**ljus**" viktigt för skapandet av den verkliga världen. "Skapelse" har kopplats till Gud eftersom det är Gud som skapar den gudomliga världen i slutet av varje cykel. Det kosmiska medvetandet hjälper Gud under materialiseringen av den perfekta guldåldersvärlden. Således har "ljus" kopplats till allt det som är rent och himmelsk. Gud är också "lätt". Av alla dessa skäl kan KE-ljuset kopplas till det som är gudomligt och himmelskt.

Det finns inget "ljus", utan bara mörker, i kvantdimensionerna under den verkliga världen. Till och med från denna vinkel kan man säga att när *människor har en upplevelse av att vara i den svarta subtila dimensionen*, så befinner de sig i "underjorden".

Under den **första halvcykeln** är dimensionerna inom den fysiska världen i följande ordning (från den högsta till den lägsta) (se även figur 2 längst bak i boken):

1. Kosmiskt medvetande i djupet av SVL (Hav av KE-ljus högst upp i SVL, ovanför kvantvärlden).

2. Övre delen i SVL: s gräns, som *är den kosmiska medvetandets strand* (i SVL, ovanför kvantvärlden).

3. Kosmiskt fält (inom den nedre delen i SVL: s gräns, ovanför kvantvärlden).

4. Det 2D SVD (inom den nedre delen i SVL: s gräns, över kvantvärlden).

5. Det 3D SVD (inom den nedre delen i SVL: s gräns, ovanför kvantvärlden). 3D SVD innehåller det första fältet och

det andra fältet. Det första fältet ligger under 2D SVD. Det andra fältet är under det första fältet.

6. Den verkliga världen (inom den nedre delen i SVL: s gräns, över kvantvärlden).

7. Svart energifält (under SVL, mellan SVL och kvantvärlden, en dimension av kvantenergierna runt kanten av kvantvärlden).

8. Gränsen till kvantvärlden (kusten av *kvantenergiens hav*, inom kvantvärlden).

9. Djupet i kvantvärlden (*Kvantenergiens hav* längst ner i kvantvärlden).

Även om jag har lagt kvantdimensionerna under den verkliga världen, finns kvantdimensionerna runt KE-ljusets dimensioner eftersom:

1. Båda har energier som går in i SVD för skapande och kontinuerlig skapande.

2. Alla dimensioner upptar samma utrymme.

Under den första halvcykeln var det kosmiska medvetandet i det minst täta tillståndet eftersom gudomens själar var i det perfekta gudomliga tillståndet. Således var SVL över kvantvärlden. SVD var i gränsen för SVL. Kvantenergierna skickades in i den nedre delen av denna gräns för att skapandet skulle ske. Kvantenergierna kan inte gå längre än SVD. De kan inte gå in i det kosmiska fältet, SVL: s djup och andra områden i SVL: s gräns. Under den första halvcykeln finns fläckar av ***KE-ljus med info*** och *KE med info* bland *ingen-Info KE ljus* eftersom:

1. SVD är i SVL: s gräns.

2. SVD och SVL är över kvantvärlden.

Under den första halvcykeln är själar alltid i den upplysta miljön i SVL. Det gudomliga ingen-info KE-ljus från det gudomliga kosmiska medvetandet ger miljön i SVL för alla själar. Eftersom SVD också finns i SVL, tillhandahåller det gudomliga KE-ljuset också den subtila miljön, eller bakgrunden i det holografiska universum, för medvetenheten eller energierna för gudomens själar i SVD. Guden själar upplever aldrig en mörk miljö i det holografiska universum eftersom det är "dagen" för gudarna själar.

Enligt BK kunskapen, är den första halvcykeln "Brahmadagen" eftersom den värld som finns där är den **rena gudomliga världen** som skapades genom sammanflödet. Under mötesåldern spelade grundaren av Brahma Kumaris och BKs en roll som "Brahma" för återupprättandet av den gyllene åldersvärlden. Därefter njuter de av frukten av deras ansträngningar under "Brahma-dagen". I slutet av mötesåldern kommer det kosmiska medvetandet att tjäna gudarna själar genom att tillhandahålla en gudomlig värld **efter att det kosmiska medvetandet har förvandlats till det gudomliga tillståndet.**

Under andra halvcykeln befinner sig själarna och den verkliga världen i ett försjunkat tillstånd inom kvantvärlden. Denna och den mörka miljön i kvantvärlden är en återspegling av att folket befinner sig i underjorden. Under den första halvcykeln ligger själarna och den verkliga världen inom SVL (kosmiskt medvetande) som ger en himmelsk upplyst miljö.

# Kapitel 17: Subtila upplevelser under den andra halvcykeln

Under andra halvcykeln används ens aura i hög grad för subtila upplevelser. När subtila kroppar används utanför den fysiska kroppen, under subtila upplevelser, används de i *KE-ljusenergier* som ligger inom personens aura. *KE-ljusenergier* ger också energierna för skapandet av den subtila kroppen, som man måste använda under en subtil upplevelse. Subtila kroppar skapas baserat på personens holografiska kropp. Dessa subtila kroppar kan spegla själens tillstånd eftersom de är i aura:

1. Där själens energier vibrerar ut.
2. Där själens tillstånd reflekteras genom KE-ljusenergier.

Miljön, som dessa subtila kroppar använder, är som en subtil dimension i aura. När en person har en subtil upplevelse, förvandlas några av **KE-ljusenergierna (som kommer ut ur ens chakra) till de subtila ljusenergierna** som ger de subtila dimensionerna och subtila kropparna i upplevelsen. Ibland är även *själens energier* och kvantenergierna involverade i att ge något för upplevelsen.

Det finns många aurafält som en person kan använda baserat på den andliga scenen, upplevelserna etc. För enkelhets skull berättar jag bara om några av dessa aurafält, i den här boken.

En person kan använda ett av några få aurafält under subtila upplevelser. Vissa slags upplevelser kan lätt ha haft inom specifika auraområden. Till exempel under upplevelserna i det sjunde aurafältet kommer man lätt att veta det förflutna och framtiden eftersom det sjunde aurafältet är anslutet till 2D SVD. Varje aurafält ger en annan typ av miljö för upplevelserna eftersom tätheten för varje aurafält är annorlunda. Vissa miljöer/dimensioner är lättare än andra på grund av deras renare tillstånd. Det kan sägas att miljön som tillhandahålls av KE ljusenergier, för en subtil upplevelse, är en subtil dimension eftersom:

1. Upplevelsen är inom ett auraområde; och varje aurafält är som en egen värld eftersom varje aurafält har en annan densitet.

2. Olika energier, av olika tätheter, används för varje olika slags upplevelser inom aura. Om energierna är olika eller om densiteten varierar finns energierna i en annan dimension.

Det kosmiska medvetandet börjar processen för att skapa de subtila dimensionerna och subtila kropparna, för de subtila upplevelserna. Sedan det kosmiska medvetandet har initierat detta, uppstår *KE-ljus och kvantenergier* från chakras och flödar in i personens aura för att tillhandahålla vad som behövs för den subtila upplevelsen. *KE-ljus och kvantenergier* ger dimensionerna för upplevelserna. Dessa dimensioner är emellertid inte de permanenta befintliga *KE-ljus och kvantdimensionerna* som är involverade i att realisera den verkliga världen och fysiska former. De permanent befintliga kvantdimensionerna använder samma utrymme som den verkliga världen som vi lever i, även om tätheten för energierna i dimensionerna är olika.

Även aurafältet är **KE-ljusdimensioner** eftersom KE-ljuset ger energierna för aurafältet. De aurafälten används också under skapandet och underhållet av den fysiska kroppen. Till exempel initierar KE-ljusenergier skapelseprocessen för den fysiska kroppen **genom det sjunde aurafältet** eftersom det sjunde aurafältet är anslutet till 2D SVD.

Subtila dimensioner upplevs i aurafält och aurafält är *KE-ljus och kvantdimensioner*. Därför har människor faktiskt erfarenheter av *KE-ljus och kvantdimensioner*. Emellertid är de aurafälten inte permanenta dimensioner eftersom de sönderdelas efter att en person dör. Dessutom kan endast vissa aurafält användas vid en viss tidpunkt. Endast det första aurafältet används ständigt tills personen dör. Andra aurafält finns inte när de inte används. Således är aurafält inte permanenta dimensioner.

De subtila dimensionerna och subtila kropparna, som används under subtila upplevelser inom de aurafälten, **existerar inte permanent.** De existerar endast **tillfälligt** när en person har en subtil upplevelse.

Många olika typer *av subtila dimensioner och subtila kroppar* skapas baserat på de olika trossystemen etc. De *subtila dimensionerna* och subtila kropparna tillhandahålls baserat på:

1. vad som finns i 2D SVD.
2. mänskliga tankar, önskningar, tro etc.
3. vad Gud måste göra för människors själar på jorden.

När subtila dimensioner och subtila kroppar skapas **baserat på tankar och önskemål från mänskliga själar**, kan det sägas att de mänskliga själarna skapade dessa subtila dimensioner och subtila kroppar eftersom dessa skapas baserat på deras tankar etc. *KE-ljus och kvantenergier* bara tjäna de mänskliga själarna genom att skapa subtila dimensioner och subtila kroppar. Själens aura sträcker sig ut i det Holografiska universum för att möjliggöra för själen att få dessa upplevelser. Men alla dessa subtila upplevelser upplevs inom den fysiska världen eftersom virvlarna, i slutet av den fysiska världen, inte tillåter något att gå ut ur den fysiska världen. Dessa virvlar tillåter endast själar att komma in i den fysiska världen när de lämnar själavärlden.

BK-uppfattningen är att Gud under andra halvcykeln hjälper och guider människor genom att ge dem visioner etc. på ett **indirekt** sätt (genom inspiration). När Gud hjälper de ickemötesålders själarna, finns det **ingen direkt koppling** mellan själarna och Gud eftersom det **inte** är dags för domedagen eller reningsprocessen. Därför blir själar andligt svagare fram till slutet av cykeln. Under andra halvcykeln hjälper och guider människor folket genom:

1. KE-ljusenergier i det kosmiska medvetandet och
2. elementen i utrymmet mellan själavärlden och den fysiska världen.

Jag hänvisar till utrymmet mellan *själavärlden och den fysiska världen* som "mittregionen". Den här mittregionen är fylld med ett element som jag refererar till som "Mittelementet".

Under andra halvcykeln fungerar mittelementet som kommunikationsmedel för att föra Guds vägledning etc. till KE-ljus (kosmiskt medvetande) i den fysiska världen. Guds energier kommer inte direkt till den fysiska världen. Mittelementet ger de vågor genom vilka Guds budskap, vägledning etc. föras till det kosmiska medvetandet. I den fysiska världen utrustar det kosmiska medvetandet de visioner etc. som Gud ger de mänskliga själarna. Det är Gud som ger visioner, vägledning etc.

eftersom mittelementet och det kosmiska medvetandet bara tjänar Gud.

När meddelanden, visionerna etc. når den fysiska världen, initierar det kosmiska medvetandet vad som måste ges till människor **genom energierna som flyter ut ur det kosmiska medvetandet** för att utföra uppdraget. Dessa KE-ljusenergier förvandlas för att se till att relevanta visioner etc. är inredda i det aurafältet. Andra *KE-ljus och kvantenergier* flyter också med och gör vad som är nödvändigt för att tillhandahålla visionen etc. Om subtila dimensioner och subtila kroppar tillhandahålls, används de nära slutet av den verkliga världen eller **ovanför** den verkliga världen. De kommer emellertid att ligga inom den fysiska världen.

I överensstämmelse med kunskapen om Brahma Kumaris är själarna som kommer in i den fysiska världen **under andra halvcykeln** de hängivna själarna. *Grundare av de olika religiösa rörelserna och deras följare* kommer också in i den fysiska världen under den andra halvcykeln. Gud guider hängivna, *grundare av de religiösa rörelserna och deras följare* genom visioner etc. KE-ljuset tjänar genom att tillhandahålla relevanta subtila dimensioner, subtila kroppar etc. Dessa subtila dimensioner och subtila kroppar används **inom den fysiska världen**; även om de kommer att användas nära slutet av den verkliga världen eller **över** den verkliga världen.

Enligt kunskapen om Brahma Kumaris är själarna som kommer in i den fysiska världen **under första halvcykeln** är gudomliga själar. Dessa gudomliga själar förlorar sitt gudomliga tillstånd och blir vanliga människor, i slutet av silveråldern. Gud guidar dem genom visioner etc. Under den centrala mötesåldern, medan de skapar en ny värld för andra halvcykeln. KE-ljusenergierna tjänar genom att tillhandahålla relevanta subtila dimensioner, subtila kroppar etc. Dessa subtila dimensioner och subtila kroppar används inom den fysiska världen; även om de kommer att användas nära slutet av den verkliga världen eller **över** den verkliga världen.

Under den första halvcykeln ligger själarna, SVL och SVD över kvantvärlden. De släpper in i kvantvärlden under den centrala mötesåldern. Under den centrala mötesåldern kunde således de subtila dimensionerna och subtila kropparna ligga över kvantvärlden eller inom kvantvärlden (beroende på var den verkliga världen var när en person hade en upplevelse). Efter att själarna, SVL och SVD hade sjunkit in i kvantvärlden, var erfarenheterna i kvantvärlden.

Under andra halvcykeln, när själar släpper ur SVL, kan kvantvärldens kvantenergier bli miljön i sina upplevelser. Men själarna kan föra sig tillbaka till SVL, genom dyrkan, meditation eller genom att leva ett dygdigt liv. Även om det kosmiska medvetandet också befinner sig i ett nedsänkt tillstånd inom den svarta kvantvärlden, kan man lyfta sig själv eller ens medvetande ur den svarta miljön för att gå tillbaka till den "upplysta" miljön.

Under andra halvcykeln använder människor de första tre aurafälten, från den fysiska kroppen, medan de lever ett ickeandligt liv. För bekvämlighets skull hänvisar jag till de första tre aurafälten som de fysiska aurafälten. *Det femte aurafältet, det sjätte aurafältet och det sjunde aurafältet används* för att leva ett andligt liv. För enkelhets skull hänvisar jag till dessa *femte, sjätte och sjunde* aurafälten (tillsammans) som de spirituella aurafälten. Det fjärde chakrat (som är runt hjärtat) och det fjärde aurafältet används för att ansluta kroppen till det andliga livet. Så personen fortsätter att använda kroppen medan han lever ett andligt liv. Det fjärde chakrat och det fjärde aurafältet används för båda: det icke-andliga livet och det andliga livet.

När personen är involverad i meditation etc., kommer själens energier att strömma genom det fjärde chakrat och gå in i de andliga aurafälten. Sedan kommer det fjärde aurafältet också att koppla själen till de andliga aurafälten. Tidigare kopplade det fjärde aurafältet bara själen till de fysiska aurafälten.

När själen börjar använda de andliga aurafälten, är själen i det första fältet eftersom de andliga aurafälten är i det första fältet. Det är som om de andliga aurafälten är själens holografiska kropp, inom det första fältet. Eftersom den holografiska kroppen är i det första fältet, är själen i det första fältet.

De andliga aurafälten fungerar också som ett chakra för att tillåta energier att flyta in i de andliga aurafälten. När själen använder de andliga aurafälten, flödar därför ***KE-ljuset och kvantenergierna*** **från det första fältet** in i de andliga aurafälten genom **själva de andliga aurafälten** eftersom de andliga aurafälten är i det första fältet. Dessa rena energier:

1. blir också miljön i de andliga aurafälten för själens energier.

2. kan också ge en miljö/dimension under en subtil upplevelse.

Dessa rena energier från det första fältet är kraftfullare än de i det andra fältet, eftersom:

1. Det första fältet ligger nära det kosmiska medvetandet. Således påverkas dessa rena *KE-ljus och kvantenergier* av det kosmiska medvetandet.

2. Virvlar tillåter inte att lasterna från det andra fältet kommer in i det första fältet. Därför kan lasterna bara påverka till-

ståndet för *KE-ljuset och kvantenergierna* i det andra fältet. Virvlarna tillåter inte heller de orena energierna i det andra fältet att påverka de energier som finns i det första fältet. När *KE ljus- och kvantenergier* flyter tillbaka till det första fältet från det andra fältet, under den kontinuerliga skapelseprocessen, omvandlas de omedelbart till det rena tillståndet på grund av påverkan av de rena kraftfulla energierna från det kosmiska medvetandet.

KE-ljusenergier, som kommer ut ur chakras **inom kroppen,** skapar och upprätthåller de andliga aurafälten. Dessa KE-ljusenergier kommer från det första fältet. Efter att ha kommit fram genom chakras går de in i KE ljus-kroppar och andliga aurafälten. KE-ljusenergierna, som kommer ut från det femte chakrat, *skapar och upprätthåller* det femte aurafältet och KE-ljusets kropp. KE-ljusenergierna, som kommer ut från sjätte chakra, *skapar och upprätthåller* det sjätte aurafältet och dess KE ljus-kropp. KE ljusenergier, som kommer ut från sjunde chakrat, *skapar och upprätthåller* det sjunde aurafältet och dess KE ljuskropp. KE ljusenergier blir också miljön i det aurafältet som de har skapat. Färska KE-ljusenergier fortsätter att flöda in i dessa aurafält för att upprätthålla deras existens. Dessa färska KE-ljusenergier blir också en del av miljön i aurafältet. KE ljusenergier, som normalt är miljön i ett aurafält, kan också ge en miljö/dimension under en subtil upplevelse inom det aurafältet. Förutom dessa KE-ljusenergier kan andra energier också komma in i de andliga aurafälten och bli en del av miljön under subtila upplevelser.

När de andliga aurafälten används är det sjunde chakrat (som är överst på huvudet) öppet för andligt liv. Det kommer också att finnas ett öppet chakra på toppen av de andliga aurafälten. Genom dessa är själen kopplad till energierna i det *kosmiska medvetandet* som finns i det **kosmiska fältet**. Dessa energier kan också ge en miljö för *själens energier* under en subtil upplevelse i de andliga aurafälten. Således kan *själens energier*, under en upplevelse, vara inom dessa energier från det kosmiska fältet. Det verkar **som om** själens energier har börjat processen att smälta in i det kosmiska medvetandet.

Om *själens energier* går igenom det sjunde chakrat, och sedan genom chakrat som finns på toppen av de andliga aurafälten, kommer *själens energier* att börja använda aurafältet som ligger utanför det sjunde aurafältet. Jag hänvisar till dessa aurafält, som ligger utanför det sjunde aurafältet, som "högre aurafält". De högre aurafälten finns i det kosmiska fältet.

När de högre aurafälten används kommer den sjunde chakrat att vara öppen för andligt liv. Det kommer också att finnas ett öppet chakra på toppen av de högre aurafälten. Genom dessa öppna chakras **är själen kopplad till *energierna i kusten av det kosmiska medvetandet*** som ligger i SVLs gräns. SVLs gräns finns i SVL. Således kommer det att vara som ens medvetande går samman i det kosmiska medvetandet. Om energierna från kusten av det kosmiska medvetandet (gränsen till SVL) flyter genom chakras högst upp i de högre aurafälten och ger miljön/dimensionen för en upplevelse, kommer själens energier att vara i ett sammanslaget tillstånd med energierna från SVL. Själens energier, som finns i de högre aurafälten, representerar själens medvetande. Ens medvetande slås därför samman i energierna från SVL under upplevelsen. Det kan sägas att *själens medvetande* lyfts in i SVL under upplevelsen, eftersom själens medvetande ligger inom SVL: s energier. Men själens och själens energier ligger inte **i** SVL: s gräns.

Under en subtil upplevelse kan *energierna från det kosmiska medvetandet*, från SVL-djupet, strömma genom de öppna chakras (sjunde chakra och *chakra på toppen av de högre aurafälten*) för att ge miljön/dimensionen etc. för *energierna av själen* i de högre aurafälten. Under dessa erfarenheter ligger *själens energier* inom de kraftfulla energierna i det kosmiska medvetandet (i ett sammanfört tillstånd med energierna i det kosmiska medvetandet). Därför är det **som om** *själens medvetande* finns i SVL, även om själens och *själens energier* inte finns i SVL.

När själen börjar använda de högre aurafälten, är själen i det kosmiska fältet eftersom de högre aurafälten finns i det kosmiska fältet. Det är som om de högre aurafälten är själens holografiska kropp. Eftersom den holografiska kroppen är i det kosmiska fältet, är själen i det kosmiska fältet.

De högre aurafälten fungerar som ett chakra. När själen använder de högre aurafälten, flödar således ***KE-ljusenergierna*** **från det kosmiska fältet** in i de högre aurafälten **genom de högre aurafälten**, eftersom de högre aurafälten är **i** det kosmiska fältet. Dessa rena energier:

1. bli miljön för själens energier i de högre aurafälten.
2. kan också ge en miljö/dimension under en subtil upplevelse.

De rena energierna från det kosmiska fältet kommer att vara mer kraftfulla än de från det första fältet eftersom de är närmare det kosmiska medvetandet.

Skapandet av de högre aurafälten, som ligger utanför det sjunde aurafältet, sker genom chakra som skapas inom de befintliga aurafälten. Eftersom de högre befintliga aurafälten är som en persons holografiska kropp, börjar chakra att existera i denna högre holografiska kropp när ännu högre aurafält behöver skapas. Till exempel skapas chakra i de spirituella aurafälten för att skapa de högre aurafälten. Energierna som spinner ut ur dessa chakras är finare och mindre täta, eftersom chakras är i en högre dimension. Således kan mycket fina aurafält skapas ovanför det sjunde aurafältet. Ju högre aurafältet är, desto mindre tätare är dess energier. Energier absorberas också från omgivningen, där aurafältet är. Om det aurafältet är i en högre dimension, flyter mindre täta energier in i de aurafälten från omgivningen.

Bortom det kosmiska fältet är SVL där det kosmiska medvetandet befinner sig. Om en person börjar använda aurafält som ligger utanför de högre aurafälten, kommer personen att använda aurafält som ligger inom SVL: s gräns. För enkelhets skull kommer jag att hänvisa till de *aurafälten som ligger utanför de högre aurafälten* som "SVL aurafält".

När SVL aurafälten används kommer den sjunde chakrat att vara öppen för andligt liv. Det kommer också att finnas ett öppet chakra på toppen av SVL aurafälten. Genom dessa öppna chakras är själen ansluten till *KE-ljushavet* (kosmiskt medvetande) som ligger inom SVL: s djup. De kraftfulla energierna från KE-ljushavet kan också strömma in i SVL aurafälten för att ge en miljö/dimension under en subtil upplevelse i SVL aurafälten. Under en sådan upplevelse kommer *själens energier* att ligga inom de kraftfulla energierna i det kosmiska medvetandet.

SVL aurafälten fungerar som ett chakra. När själen använder SVL aurafälten flödar *KE ljusenergier* från SVL: s gräns **in i SVL aurafälten**, genom ytan på SVL aurafälten, eftersom SVL aurafälten är i SVLs gräns. Dessa energier som flyter in **i** SVL aurafälten:

1. också bli miljön i SVL aurafälten.
2. kan också ge en miljö/dimension under subtila upplevelser i SVL aurafälten.

De rena KE-ljusenergierna i SVL: s gräns kommer att vara mer kraftfulla än de inom det kosmiska fältet eftersom de är närmare det kosmiska medvetandet. Energier från *havets KE ljusenergier*, från djupet i SVL, går in i SVL: s gräns. Eftersom SVL: s gräns är ***KE-s ljusenergins* strand**, är energierna där mycket kraftfulla.

Under den första halvcykeln ger *KE-ljusenergier i SVLs gräns* en miljö/bakgrund för SVD som finns i SVL: s gräns. Så själarna/folket under första halvcykeln ständigt njuter av miljön i SVL: s gräns. Men under andra halvcykeln kan själar/människor bara **njuta av miljön i SVL: s gräns** om de använder SVL aurafälten. Trots att de är i SVL: s gräns kommer de inte att njuta av vad människorna i den **första halvcykeln tycker om** för i andra halvcykeln

1. Energierna i SVL är inte i det gudomliga tillståndet.
2. SVL är inom kvantvärlden.

SVL aurafälten är som själens holografiska kropp, när själen börjar använda SVL aurafälten. Eftersom den holografiska kroppen är i SVL: s gräns, är själen i SVL: s gräns. Eftersom SVL: s gräns ligger inom SVL, finns själen och dess holografiska kropp i SVL. Själen finns i SVL, även om den fysiska kroppen utrustas av *chakra och aurafält* som inte finns i SVL. Om själens medvetande går in i SVL aurafälten, lyftas själen in i SVL eftersom SVL aurafälten är inom SVL. Även om själen lyfts till en högre dimension, är själen fortfarande **i**

**den fysiska kroppen** som inte är inom SVL. Detta beror på att personen använder två dimensioner på samma gång: det holografiska universum och den verkliga världen.

Man använder en mindre tät miljö i det holografiska universum, medan man också använder den verkliga världen. I upplevelser verkar det som om den mindre täta miljön är längre bort från den fysiska kroppen, men det är den inte. Även om det i upplevelser verkar som att en dimension är högre än den andra, alla dimensioner faktiskt upptar samma utrymme. Det kan vara mycket svårt att förstå detta om inte man har erfarenheter. Endast i den verkliga världen finns det **fasta** ”höjder” och ”avstånd”. Det finns inga "höjder" och "avstånd" i det holografiska universum, även om det ser ut som det finns. Man kan inte försöka förstå det holografiska universum på samma sätt som man förstår vad som finns i den verkliga världen.

Under andra halvcykeln, om mänskliga själar har lossnat sig från den fysiska världen genom meditation, dyrkan etc., kan de vara i en subtil dimension som är:

1. Nära slutet av den verkliga världen. I dessa erfarenheter är den subtila dimensionen i det fyra aurafältet, femte aurafältet, sjätte aurafältet eller det sjunde aurafältet.

2. **Ovanför** den verkliga världen. I dessa erfarenheter ligger den subtila dimensionen i ett av de aurafälten som ligger utanför det sjunde aurafältet.

Det sjunde aurafältet är anslutet till de högre aurafälten. De andliga aurafälten, som inkluderar det sjunde aurafältet, är anslutna till kroppen genom det fjärde chakrat (hjärtchakrat). Det sjunde aurafältet kopplar därmed en person i den verkliga världen till de dimensioner som ligger över den verkliga världen. Så en person kan ha upplevelser som ligger utanför den verkliga världen. Även om de subtila dimensionerna inom de högre aurafälten och SVL aurafältet är ovanför den verkliga världen, är de fortfarande en del av fysiska världen.

När man använder de högre aurafälten genom meditation etc., sträcker man sig aura bortom det sjunde aurafältet. Således kommer ens aura att vara lång.

Det finns tolv aurafält som kan användas inom den fysiska världen. De högre aurafälten består av de åttonde, nionde och tionde aurafälten. SVL aurafältet består av elfte och tolfte aurafälten Det tionde aurafältet ansluter de högre aurafälten till SVL aurafältet. Chakrat som är högst upp i de högre aurafälten ansluter det tionde aurafältet till SVL aurafälten. Chakrat i slutet av det tolfte aurafältet öppnar ut i ett hav av kosmisk medvetenhet. Inga aurafält kan existera i ett hav av kosmisk medvetenhet. Därför har SVL aurafältet bara två aurafält.

Om personen **inte** mediterade skulle personen använda de fysiska aurafälten och själens energier skulle vibrera ut i de nedre fyra aurafälten. De fysiska aurafälten finns i det andra fältet. Så om man inte var på den andliga vägen, skulle själens energier flyta in i det andra fältet. Därför skulle man vara medveten inom det andra fältet. Energierna från det första fältet:

1. levereras till det andra fältet och
2. skapa de sju aurafälten.

Men energierna från det andra fältet (utanför de fysiska aurafälten) flyter också in i de fysiska aurafälten eftersom de fysiska aurafälten ligger i det andra fältet. Så de orena energierna i det andra fältet kan absorberas i de fysiska aurafälten. Dessutom, om chakrat inte fungerar bra i kroppen, blir *energierna i de aurafälten* orena eftersom de inte får energi genom flödet av energier från det första fältet. Även när personens laster flyter in i det aurafälten, blir energierna i det aurafälten orena eftersom lasterna absorberar prana (energier /kraft) från *KE-ljuset och kvantenergier* och påverkar dem att bli orena. Därför ger oren *KE-ljus och kvantenergier* miljön för lasternas energier i aura. Av alla dessa skäl kanske energierna i de fysiska aurafälten inte är rena energier.

Det kosmiska medvetandet är en högre dimension och det andra fältet är en lägre dimension. När *själens energier* flyter in i de aurafälten i det andra fältet, är *själens energier* inte i dimensionen av det kosmiska medvetandet. Därför, när en person inte är på den andliga/religiösa vägen, kan personen uppleva att vara i en *subtil svart dimension* i kvantvärlden. I själva verket kan till och med en person på den andliga vägen ha en upplevelse i den *subtila svarta dimensionen* eftersom personen inleder de andliga ansträngningarna genom att använda den fysiska kroppen. Mer förklaringar om detta finns i efterföljande böcker.

Miljön som *själens energier* har, när de vibrerar ut, kommer att bero på vilket aurafält de vibrerar ut i. Om personen är med meditation, använder personen de högre aurafälten och själens energier kommer att vibrera ut i de högre aurafälten. I de högre aurafälten ger de rena KE-ljusenergierna en ren himmelsk subtil dimension/miljö och subtila kroppar under upplevelser.

Alla de högre aurafälten kan endast användas om själen är i rent tillstånd genom att inte bli överflödigt med lasterna. Själarnas medvetande kommer att falla tillbaka till den svarta miljön i kvantvärlden, när de övervinns av lasterna, eftersom SVD befinner sig i ett nedsänkt tillstånd inom kvantvärlden Så länge själens medvetande inte finns i de högre aurafälten, kan personen uppleva en svart miljö.

Laster kan också ge visioner eller upplevelser baserade på ens önskemål. Om lasterna ger en vision eller subtil upplevelse, utrustar den **orena** *KE-ljuset och kvantenergierna* den subtila miljön och de subtila kropparna för visionen eller upplevelsen. De lägre aurafälten används för upplevelsen eftersom orena energier bara kan existera i det andra fältet. De lägre aurafälten expanderar för att möjliggöra upplevelsen. Eftersom KE ljus är "lätt" och det kan ge en upplevelse genom att använda alla sju färger, kan lasterna använda KE ljus-energierna för att ge en upplyst miljö i en upplevelse eller det kan ge en vision som ser "gyllene" ut. Denna upplevelse och vision är bara en illusion eftersom orena energier inte tänds eller gyllene, och upplevelsen är bara i kvantvärlden (inte i det kosmiska medvetandet där energierna tänds eller gyllene på grund av deras rena tillstånd). Om personen hände sig med lasterna, kommer det att vara orena *KE-ljus och kvantenergier* som är miljön för *lasternas energier* i aura. Eftersom dessa orena energier bara kan existera i det andra fältet, kan en upplevelse endast vara i den svarta kvantvärlden även om visionen ser "gyllene" ut. När lasterna ger en syn eller upplevelse är det normalt en illusion.

Även om de högre chakras i kroppen tillhandahåller de andliga aurafälten är de högre chakras också involverade i att tillhandahålla den fysiska kroppen. Således flyter *KE-ljus och kvantenergier* in i kroppen från dessa högre chakras, även om personen inte använder de andliga aurafälten. KE ljusenergier, som strömmar in genom det sjunde chakrat, har information om vad som finns i 2D SVD eftersom:

1. Det sjunde chakrat är nära och anslutet till 2D SVD.
2. KE-ljuset kommer genom det sjunde chakrat från ett område som är nära och anslutet till 2D SVD.

3. Alla *KE-ljus och kvantenergier* fungerar som "en" baserat på vad som finns i 2D SVD.

4. KE-ljus, som rinner genom sjunde chakra, har förmågan att ge information om vad som finns i 2D SVD, under upplevelser.

5. *KE-ljusenergierna som strömmar genom det sjunde chakrat* förser information (om vad som finns i 2D SVD) till kausalt själv, så att kausalt jag kan leda det medvetna jaget att agera enligt 2D SVD. Jag kommer att diskutera detta ytterligare i en annan bok, när jag diskuterar hur det kausala jaget använder hjärnan för att vägleda det medvetna jaget att agera enligt världsdrama (även om personen inte är medveten om att detta händer).

Lasterna kan också använda den information som KE-ljus ger (om vad som finns i 2D SVD), för att ge en upplevelse eller vision till personen. Denna upplevelse eller vision upplevs i aura. Även om miljön kan se grå ut och inte svart, är upplevelsen i kvantvärlden.

Under andra halvcykeln är människor inte medvetna om vad som finns i 2D SVD. Om man vill veta det förgångna och framtiden, kan man göra andliga ansträngningar för att öppna det sjunde chakrat (för att använda det sjunde aurafälten och de aurafälten som ligger utanför det sjunde aurafältet). Detta hjälper en att komma närmare 2D SVD. Således kan man lätt veta vad som finns i 2D SVD. Eftersom man är ett kausalt själv när man använder de högre aurafälten, kommer man också att ha lätt att veta vad som finns i världsdramat som ligger djupt i själen.

Om man använder sitt sjunde aurafält flyter information (om vad som finns i 2D SVD) genom det sjunde chakrat och det sjunde aurafälten. Denna information placeras i KE-ljusets sinne. Således är informationen i *själens sinne.* Som ett resultat kommer själen att ha kunskap om vad som kommer att hända. Informationen kan också erhållas genom en subtil upplevelse inom aurafälten. Personens aura kan expandera så att själen kan se vad som finns i 2D SVD. Enligt världsdramat kommer KE-ljuset att presentera det som finns där i en form som kan förstås av själen. Under andra halvcykeln ger KE- ljuset sådana visioner när Gud initierar det; även om KE-ljuset också kan tillhandahålla visionen baserad på själens önskemål (eftersom KE-ljuset tjänar Gud och de mänskliga själarna).

Under den första halvcykeln ligger själarna inom KE-ljusenergierna i SVL. Eftersom KE-ljusenergierna är i ett gudomligt tillstånd och är nära själarna, tjänar de själarna väl. KE ljus ger information till själen om vad som finns i *2D SVD som är intryckt i KE-ljus.* Informationen placeras i KE ljus i *människans sinne.* Det som finns i KE ljus finns också i själarna. Som ett resultat uppfattas det av själen utan att KE-ljusenergier kommer in i själens sinne. Människor spelar sina roller på jorden medan de styrs av denna information. Eftersom det medvetna jaget är ett kausalt själv, kommer folket också att veta vad som finns i världsdrama, djupt inom själen, när de spelar sina roller på jorden. Dessa människor kommer att leva ett liv som yogis utan att göra andliga ansträngningar. Enligt BKs kunskap, kommer folket under första halvcykeln inte att vara inblandade i någon dyrkan eftersom de ständigt upplever lycka. De kommer att njuta av livet. Naturen kommer att tjäna dem väl; därför kommer livet att vara underbart. Detta himmelska liv försvann i slutet av silveråldern. Därför började människor dyrka Gud för hjälp och vägledning. Så Gud börjar vägleda och hjälpa folket på jorden genom *KE-ljusenergier i det kosmiska medvetandet.*

KE-ljus tillhandahåller de visioner som Gud skänker mänskliga varelser eller ger det Guds budskap till själarna. Det gör dessa genom chakras, KE-ljus sinnet och aura. KE-ljuset kommer in genom kronchakrat (på toppen av huvudet) och/eller genom Ajna Chakra (i pannan) för att ge Guds budskap etc. till själen genom att placera det i KE-ljuset. Allt som finns i KE ljus Mind är *själens sinne*; så själen uppfattar budskapet etc. KE-ljusenergier ger visionerna i aurafältet, så att själen kan se dessa visioner. Själen ser dessa visioner eftersom allt som finns i aura uppfattas som en film av själen. Själens energier kan också delta i visionen, enligt världsdramat. Om själens energier deltar i visionen kommer man att känna att man deltar i visionen/upplevelsen. Man kommer att använda de subtila kropparna som är utrustade med KE ljus, samtidigt som de deltar i visionerna.

Eftersom en person ser visioner i sitt eget aurafält, ser andra inte det om inte deras auror slås samman. Människans auror kan ansluta sig om människorna är involverade i **samma** tankar, aktiviteter, religiösa eller andliga praxis, övertygelser, kunskap, känslor (särskilt om det finns "kärlek"), etc. Den subtila dimensionen som de använder i sin sammanslagna aura, är en tillfällig. Följaktligen, när människor slutar att dyrka praxis etc. kommer den subtila dimensionen inte att existera eftersom den inte finns där i någons aura.

Alla som har samma religiösa tro, tillhör samma trossystem. På grund av samma övertygelser slås deras auror samman eller förenas. Varje aura återspeglar personens medvetande. Som en konsekvens, när många av aura förenas baserat på ett trossystem, bildas ett kollektivt medvetande. Alla de som *är involverade i trossystemets medvetande återspeglas* i de sammanslagna aurorna. Dessa förenade auror är kraftfullare. Så de troendes meddelanden, önskningar etc. skickas till Gud; och Gud ger visioner etc. till de troende.

Upplevelserna etc. genom ett kollektivt medvetande kan vara inom den verkliga världen (i det andra fältet), nära slutet av den verkliga världen (i det första fältet) eller bortom den verkliga världen (i det kosmiska fältet eller gränsen till SVL). Upplevelserna kommer dock att vara inom den fysiska världen. En person som har ett kraftfullare andligt stadium kan ha upplevelser som ligger utanför den verkliga världen; medan andra kan ha upplevelser som är lägre nere (beroende på vilka aurafält de använder). Även om man inte är andligt utvecklad kan ens svagare aura bli en kraftfullare när man **är aura smälter samman** med de kraftfulla aurafälten för andra som befinner sig i det kollektiva medvetandet. Den svagare aura styrks av de kraftfullare. Därför kan människor som **inte är andligt utvecklade** få sitt medvetande dras in i de högre aurafälten som ligger utanför den verkliga världen.

När en person börjar använda dyrka i ett trossystem kan personens aura ansluta sig till andras aura, i trossystemet, som är involverade i dyrkan i det ögonblicket. Således kan personen få hjälp att använda högre aurafält. Som ett resultat kommer personen att ha det lätt att skicka sitt budskap etc. till Gud via det kosmiska medvetandet.

Eftersom de andliga aurafälten är anslutna till de fysiska aurafälten genom det fjärde chakrat, kan själens **energier i de andliga aurafälten** vara medvetna om vad som finns i det andra fältet. De högre aurafälten (högre aurafält och SVL aurafälten) är anslutna till kroppen genom de andliga aurafälten och fjärdet chakra. Således kan själens energier i de högre aurafälten (högre aurafält och SVL aurafälten) vara medvetna om vad som finns i det andra fältet. Därför kommer en andligt utvecklad person lätt att förstå andras önskemål som återspeglas i sina aurafälten inom det andra fältet.

Själens energier och KE ljusenergier är sammankopplade med varandra. Så KE-ljusenergier vibrerar också ut i auran, tillsammans med själens energier, när en persons önskningar flyter in i sin aura. KE ljus reflekterar också personens önskemål i aura. Därför kommer människor, som är andligt väl utvecklade, att det är lätt att förstå personens önskemål. När de andligt utvecklade människorna välsignar personen så att hans önskningar uppfylls, stärker deras kraftfullare aura personens svagare aura. Således kommer personen att få sin önskan skickad till Gud genom de rena KE-ljusenergierna i de sammanslagna aurorna.

Energierna i det kosmiska medvetandet används för att tillhandahålla KE-ljusformerna under **skapandet av den holografiska kroppen och** fysiska kroppen av alla levande saker. Därför har det kosmiska medvetandet en "lätt form" i mänskliga kroppar, djurkroppar, växter och alla andra levande saker. Till och med kvantenergierna som släpps ut i SVD, för att skapa det som behöver existera i den verkliga världen, har KE-ljusformer som är ”ljusformer” för det kosmiska medvetandet. Alla dessa olika *"lätta former" av det kosmiska medvetandet* kan också användas under tillbedjan för att få ett budskap som enkelt skickas till Gud eftersom dessa energier **projiceras av det kosmiska medvetandet.** Detta var också en anledning till att antiken hade infört och använt träd etc. för tillbedjan.

Även om statyer inte lever, kommer det att ha en *"lätt form" av det kosmiska medvetandet* när det används för dyrkan eftersom det kosmiska medvetandet tjänar de mänskliga själarna. Således kan icke-levande stenar användas för dyrkan på detta sätt. När stenen ges en form baserad på ett trossystem har den större betydelse. Detta ökar de troendes tro. "Tro" hjälper en att använda de högre aurafälten. När de högre aurafälten används är det kosmiska medvetandet medvetet om vad vi vill etc. eftersom dess energier är miljön i de högre aurafälten. Så man kan enkelt skicka ens meddelanden etc. till Gud. Det forntida folket hade etablerat tillbedjan som såg till att:

1. Meddelandena etc. skickas till Gud, så att dyrkarna får Guds hjälp.

2. Den *"ljusa formen" av det kosmiska medvetandet* försöker **inte** uppfylla människans orena önskningar utan att vända sig till Gud.

När man använder objekt för att uppfylla ens önskningar etc., bör man använda ritualerna, mantras etc. som används för att få Guds hjälp. Om man inte ropade till Gud om hjälp, skulle KE-ljusets form uppfylla personens önskningar utan Guds hjälp. "Begär" baserat på inverkan av lasterna är orena önskningar. Om man inte vred sig till Gud för hjälp, kommer energin i *KE ljus-formen* att försöka uppfylla ens orena önskan. Därför skulle KE-ljusenergierna påverkas av lasternas energier. KE-ljusenergier förvandlas till **orena** KE-ljusenergier eftersom de arbetar med lasterna och inte med Gud. Energierna i *KE-ljusets form* ansluter inte till det kosmiska medvetandet eftersom det inte finns något behov av att förmedla budskapet till Gud. Eftersom energierna i KE-ljusformen förvandlas till orena energier kommer de inte att kunna ansluta sig till det kosmiska medvetandet eftersom virvlar stängs när KE-ljusenergierna (i det andra fältet) blir orena. Som en följd av detta förvandlas KE-ljusets form till en **oren anda**, i det andra fältet, för att hjälpa personens laster. Det är bättre att använda en präst för att göra ritualerna, säger mantras etc. för:

1. Prästen har utbildats för att använda de högre aurafälten. Så hans medvetande kommer att ligga i det kosmiska medvetandet eller så kommer det att vara kopplat till det. Därför kommer meddelanden etc. enkelt att skickas till Gud via det kosmiska medvetandet.

2. Prästen har inte den orena önskan som hängiven försöker överföra till Gud. Han skickar bara meddelandet till Gud att hängiven har den önskan. Således kommer KE-ljusenergier inte att förvandlas till det orena tillståndet.

Om man skickade ens meddelanden till Gud, av sig själv, bör man hålla en ordentlig kontroll över ens önskningar och andliga scen. Under den andra halvcykeln, eftersom Gud hjälper människor genom det kosmiska medvetandet, är det som om en person kan bli «en» med Gud genom att bli «en» med det kosmiska medvetandet. Att bli "en" med det kosmiska medvetandet innebär att:

1. Själen är inom SVL. Således är själen inom det kosmiska medvetandet.

2. Energierna i det kosmiska medvetandet ligger inom ens aura. Således ligger de inom det territorium som är en del av personen.

3. Energierna i det kosmiska medvetandet är miljön i själens energier (inom SVL och inom en persons aura). Eftersom de är så nära själens energier, är det som om de är i ett sam-

manslaget tillstånd med själens energier. Således uppfyller de personens önskningar.

Faktum är att under dessa upplevelser blir personen bara "en" med universum. Men när de är "en" med universum, kommer Gud säkert att se vad som är i deras sinne genom det kosmiska medvetandet. Vad som är i *själens sinne* är i KE ljus sinne. Sedan skickar KE-ljusenergier av KE-ljusets sinne meddelandet till Gud genom *meddelandets sändare*. När en person är "en" med det kosmiska medvetandet är det lättare för personen att skicka sina tankar etc. till Gud eftersom personen kommer att spela en roll som kausal själv vid den tiden. KE-ljuset tjänar det kausala jaget. Därför kommer det att skicka det som är i deras sinne till Gud. Gud ser vad som är i deras sinne eftersom han vet vad som finns i KE-ljusets hjärna. KE-ljusets hjärna är som sinnet i det kosmiska medvetandet. För att bli en med det kosmiska medvetandet måste man bli det kausala jaget.

Eftersom de kvantenergier som släpps ut i SVD, för att skapa det som behöver existera i den verkliga världen, har KE-ljusets former som projiceras från det kosmiska medvetandet, kan man ansluta sig själv till universum för att få hjälp av det kosmiska medvetandet. Detta var också en anledning till att det forntida folket hade infört praxis som uppmuntrade människor att ansluta sig till det kosmiska medvetandet. Om man förblir som "en" med det kosmiska medvetandet när man dör:

1. Man kan lätt fortsätta att ha Guds hjälp och vägledning om döden.

2. Man kan fortsätta använda en av de upplysta miljöer/dimensioner som tillhandahålls av de rena KE-ljusenergierna.

Religiösa praxis hjälper en att förbli som "en" med det kosmiska medvetandet när man dör. Så själen förblir i en upplyst miljö/dimension efter döden. Att gå in i den upplysta dimensionen, efter döden, är som att komma in i himlen vid döden. Det kan finnas många olika typer av upplysta dimensioner beroende på:

1. vilken dimension som används,
2. det andliga stadiet som man har och
3. folkets tro.

Följaktligen kan det finnas många olika slags himmel och/ eller det kan finnas många olika uppdelningar i himlen. Att gå in i en mörk dimension, efter döden, är som att gå in i helvetet vid döden. Det finns många olika sorters mörka dimensioner, beroende på:

1. vilken dimension som används,
2. det andliga stadiet som man befinner sig i,
3. om laster används, och
4. de övertygelser som används.

Därför kan det finnas många olika slags "helvete" och/eller det kan finnas många olika uppdelningar i "helvetet". Normalt förblir den subtila Ka-formen av en person inte lång i dessa upplysta eller mörka dimensioner, efter döden.

Minnen från åldrarna med den centrala mötesåldern kommer att användas igen, i slutet av cykeln. Därför gavs betydelsen till "efter-livet". Med tiden utvecklades fler metoder för att hjälpa de forntida människorna att fortsätta spela sina roller i slutet av cykeln (i deras efter-livet). Därefter fick man större betydelse till om man gick in i ett "himmel" eller ett "helvete" efter döden. Mer om efter-livet diskuteras i senare böcker.

Efter-livet är Ka:s fortsatta andliga liv, efter att personen dog. Ka kommer att förbli i ett framväxt tillstånd, inom själen, tills cykelns slut. Minnen från Ka kan med fördel användas av själen i efterföljande inkarnationer, eftersom Ka befinner sig i ett framväxt tillstånd. Dessa minnen hjälper till vad som måste hända i slutet av cykeln

# Kapitel 18: Mötesålderns subtila region och subtila kroppar

Enligt BKs kunskap är Gud alltid bosatt i själavärlden och Gud gör allt enligt världsdramat. År 1936 enligt världsdramat, **tänkte** Gud att han skulle gå in i den fysiska världen för att återskapa guldåldern. Därför lämnade Gud själavärlden för att komma in i den fysiska världen. När Gud var på väg till den fysiska världen skapade Gud mötesålderns subtila region (nedan kallad "subtil region") och mötesålderns subtila kroppar (nedan kallad "änglakroppar") som kommer att användas som självtransformation och världsomvandling.

Den subtila regionen och änglakroppar finns utanför den fysiska världen. De används endast under mötesåldern, i slutet av cykeln. Änglakropparna kan endast användas av gudomliga själarna som har kommit in i mötesåldern.

Enligt BK-kunskap fanns tre världar under mötesåldern: själavärlden, änglavärlden och den fysiska världen. Änglavärlden är mötesålderns subtila region som ligger utanför den fysiska världen. Vägen bortom den fysiska världen och änglavärlden ligger själavärlden.

Inom den subtila regionen finns det tre olika typer av subtila regioner: Brahmapuri, Vishnupuri och Shankerpuri. Brahmapuri är den subtila regionen som ligger alldeles utanför den fysiska världen. Medvetandet, för alla samvetsålders själar, är i Brahmapuri. Bortom Brahmapuri ligger Vishnupuri. När mötesålderns själar har upplevelser av att vara det *gudomliga jaget som lever under guldåldern*, är de i Vishnupuri. Bortom Vishnupuri ligger Shankerpuri. Mötesålderns själar är i Shankerpuri när de befinner sig i det **mest kraftfulla** mötesålderns scen.

Gud skapade **den subtila regionen i mellanregionen.** Tre typer av element finns i miljön i den subtila regionen:

1. **Mittelementet** i mellanregionen.
2. **Brahm-elementet** som följde Gud till den fysiska världen.
3. **KE-ljusenergierna** som strömmar genom virvlarna som öppnade vid ytterkanten av den fysiska världen, när Gud kom in i den fysiska världen.

Det finns 5 element i den fysiska världen: jord, vatten, eld, luft och eter. Elementen jord, vatten, eld och luft används i skapandet av den verkliga världen. "Eter" är *KE-ljus och kvantenergier* i den fysiska världen. Eftersom egenskaper hos *KE-ljus och kvantenergier* är synliga i det yttre rymden, kan miljön i yttre rymden kallas ”Eter”.

Det sjätte elementet är Brahm-elementet som är miljön i självärlden. Det sjunde elementet är mellanelementet som är miljön i utrymmet mellan självärlden och den fysiska världen.

Mellanelementen, Brahm-elementet och KE-ljusenergier i det subtila området är i deras **rena gudomliga** tillstånd eftersom de är nära Gud. Brahm-elementet och mellanelementet är alltid i deras rena tillstånd. mellanelementet, i det subtila området, kommer emellertid också att vara i ett gudomligt tillstånd eftersom dessa energier nu är nära Gud. När energier kommer nära Gud kommer de att förvandlas till ett gudomligt tillstånd. När de inte längre är nära Gud är de inte längre gudomliga. Men det är lite annorlunda med KE-ljuset eftersom KE-ljuset under första halvcykeln upprätthålls av det gudomliga själarnas rena perfekta gudomliga tillstånd. Således är KE-ljuset under den första halvcykeln i det perfekta gudomliga tillståndet. I andra halvcykeln är KE-ljuset dock inte längre i det perfekta gudomliga tillståndet, även om det förblir i rent tillstånd i alla dimensioner **utom i det andra fältet.** KE-ljuset, i det andra fältet, förvandlas till det orena tillståndet när de utsätts för de orena energier (laster) från de mänskliga själarna, etc.

Gud gör allt baserat på världsdramat som finns inom Gud. När avtryck finns kvar på 2D SVD, i slutet av varje cykel, finns också grundläggande avtryck av vad Gud gör i 2D SVD. Det kosmiska medvetandet (KE ljus) vet vad Gud kommer att göra för människorna i den fysiska världen.

När Gud grundade den subtila regionen, medan han var på väg till den fysiska världen, öppnas virvlar vid ytterkanten av den fysiska världen så att **KE-ljuset kan tjäna Gud**. Således flödade en del av KE-ljuset genom de öppnade virvlarna för att gå längre än den fysiska världen. Detta händer enligt världsdramat eftersom den subtila regionen måste ansluta till den fysiska världen genom KE-ljusenergier. Virvlarna öppnas eftersom Guds energier:

1. har aktiverat virvlarna i utkanten av den fysiska världen.
2. har aktiverat *KE-ljusenergier vid gränsen till den fysiska världen.* Dessa magnetiseras *KE-ljusenergier* hjälper också till att öppna virvlarna.

Några av KE-ljusenergierna, från det kosmiska medvetandet, strömmar ut ur den fysiska världen genom de öppnade virvlarna och blir gudomliga KE-ljusenergier. Det är Gud som skapade den subtila regionen eftersom:

1. Virvlarna vid kanten av den fysiska världen öppnade när de fick energi av Guds energier.

2. Det kosmiska medvetandet projicerar sina KE-ljusenergier, bortom den fysiska världen, **för att tjäna Gud** som han var på väg till den fysiska världen. De tjänar Gud baserat på **Guds tanke** och enligt världsdramat. Det kosmiska medvetandet fungerar som en dator som tjänar Gud.

3. KE ljus, mellanelement och Brahm-elementet blir miljön i den subtila regionen eftersom **Gud använder dem** och utrymmet bortom den fysiska världen, enligt världsdramat.

4. Endast Guds energier kan skapa den **gudomliga, andligt kraftfulla** subtila regionen.

Det är bara Guds energier som kan förvandla KE-ljusenergierna till ett kraftfullt, rent, perfekt och gudomligt tillstånd. En mänsklig själs energier kommer inte att kunna göra detta eftersom ingen mänsklig själ är lika kraftfull som Gud. Till och med under första halvcykeln upprätthåller gudarna själar bara den gudomliga världen som Gud skapar genom samflödets ålder. Gud är som ett hav medan den mänskliga själen bara är som en droppe i jämförelse.

Under cykeln tillåter virvlarna vid kanten av den fysiska världen endast själar att komma in i den fysiska världen (när de har lämnat Själavärlden för att komma in i den fysiska världen). Energier från den fysiska världen kan inte lämna den fysiska världen eftersom virvlarna inte tillåter det. Således kan själen och *själens energier* inte gå längre än den fysiska världen, och själarna kan inte gå tillbaka till självärlden.

Men när Guds vibrationer kommer nära dessa virvlar, skapar Guds kraftfulla vibrationer dessa virvlar. Följaktligen öppnar virvlarna. Därför kan Gud komma in och lämna den fysiska världen när som helst. Trots detta, enligt världsdramat, kommer Gud bara in i den fysiska världen i slutet av varje cykel för att återskapa guldålderns värld.

Virvlarna öppnar också för Gud eftersom de tjänar Gud enligt världsdramat. Följaktligen, genom Guds närvaro, kan *energierna från mötesålderns* själar lämna den fysiska världen för att låta själens *medvetande* bo i mellanregionen (**där den subtila regionen finns**). Det är först i slutet av cykeln som:

1. Gud ger denna förmåga att bo i mellanregionen (**i det område där den subtila regionen finns**).

2. Gud hjälper alla mänskliga själar att lämna den fysiska världen när han tar alla själar tillbaka till själavärlden.

Virvlarna, i utkanten av den fysiska världen, öppnas bara för att låta oss gå om **Gud ger en hjälpande hand** genom att ta oss tillbaka med honom. Eftersom Gud är med oss, aktiverar hans vibrationer virvlarna när vi lämnar med Gud. Mänskliga själars energier är inte tillräckligt kraftfulla för att aktivera virvlarna, så att själarna kan lämna den fysiska världen. Själar kan inte bara gå tillbaka till själavärlden av sig själva eftersom:

1. Gud måste rena själarna innan de kan gå tillbaka.

2. Mänskliga själar behöver stöd från Guds kraftfulla energier för att flyga tillbaka till självärlden.

3. Enligt världsdramat kan själar bara gå tillbaka i slutet av cykeln (när den gyllene åldern börjar verka).

Enligt världsdramat behöver alla mänskliga själar i slutet av cykeln gå tillbaka till själavärlden med Gud. Så öppnar virvlar, enligt världsdramat, när själar lämnar med Gud.

**I den fysiska världen** ger KE-ljus *den subtila miljön och subtila kroppar* för själens energier. KE-ljus ger två typer av subtila kroppar:

1. KE-ljuskropparna som ingår i den holografiska kroppen (under skapandet av den fysiska kroppen och aurafält).

2. De tillfälliga subtila kropparna som ses i visioner inom aurafältet.

Under mötesåldern tillhandahåller KE-ljuset, som projiceras i det subtila området genom de öppnade virvlarna, den subtila miljön och änglakropparna. Den subtila regionen är fylld med Guds energier på grund av Guds närvaro där. Som ett resultat at detta aktiveras KE-ljusenergierna som flyter in i det subtila området för att förbli i ett kraftfullt gudomligt tillstånd. Av den anledningen är de **subtila kropparna** som består av det gudomliga KE-ljuset "**änglar**". Änglakropparna skapades av KE ljus, **baserat på tanken** som Gud hade när han kom från själavärlden. Därför skapade Gud änglakropparna enligt världsdramat. Det finns två slags änglakroppar:

1. Änglakroppen (KE-ljusets kropp) som är en holografisk kropp.

2. Änglakropparna, som skapas tillfälligt av KE-ljusenergier, i visioner.

I den fysiska världen skapas de *icke-mötesålderns KE-ljuskropparna* som är en del av den holografiska kroppen av KE-ljusenergierna som flödar genom chakras. Dessa chakra är också en del av den holografiska kroppen, i den fysiska kroppen. Här skapas **inte** änglakropparna. Virvlarna hade öppnat, i utkanten av den fysiska världen, när Gud kom in i den fysiska världen. KE-ljusenergierna, som flödade genom dessa virvlar, fyllde utrymmet där änglakropparna skulle existera i det subtila området. På detta sätt skapades de änglakropparna, som behöver användas i början av mötesåldern. När en gudomlig själ kommer in i mötesåldern genom att få kunskap om BK, börjar han använda sin änglakropp som börjar verka som hans fysiska kropp. Trots detta skapades hans änglakropp i början av mötesåldern (när virvlarna öppnade och KE-ljus flödade in i utrymmet där änglakropp skulle existera). Det handlar om att utöva ens rätt att använda änglakroppen eftersom dessa änglakroppar var tänkta att användas av gudomliga själar när de får kunskap från BK. **När en gudomlig själv får BK-kunskapen:**

1. Mötesåldern andlig initiativtagare kausala jaget (eller andlig initiativtagare) skapas.
2. Änglakroppen blir personens holografiska kropp.

När en gudomliga själv får BK-kunskapen förankras några av själens kausala energier i den subtila regionen eftersom själen har börjat använda änglakroppen. Den gudomliga själen börjar därmed använda den subtila regionen. Samtidigt förvärvar själen förmågan att agera som den andliga initiativtagaren. Den tar över från Kaliyug medvetna jaget för att använda den fysiska kroppen. Den spirituella initiativtagaren skapar själen för mötesålderns själv. Även om själen för mötesåldern redan har änglakroppen, i den subtila regionen, blir en BK (en person som använder kunskapen om Brahma Kumaris) bara **änglajaget** i den subtila regionen, när BK är den andliga initiativtagaren. Den spirituella initiativtagaren skapar den fysiska kroppen för att göra andliga ansträngningar, medan hans änglajag bor i den subtila regionen.

Den andliga initiativtagaren **skapar den andliga ansträngningsprocessen** genom att överväga Gud eller BK-kunskapen som Gud har gett. *Att överväga BK-kunskapen* hjälper till att hålla en i den subtila regionen, som en andlig initiativtagaren eller som änglajaget, som används när BK är en spirituell initiativtagaren. När den andliga initiativtagaren skapar änglakroppen använder han den som änglajaget.

När en BK börjar överväga BK-kunskapen eller om Gud, är han den andliga initiativtagaren och inte det Kaliyug medvetna jaget. Den andliga ansträngningen gör det möjligt för BK att stanna kvar som den andliga initiativtagaren under en tid. Om BK slutar använda BK-kunskapen under en längre tid är han inte längre den andliga initiativtagaren. Därefter, när BK funderar på BK-kunskapen igen, blir han den andliga initiativtagaren igen. Man måste fortsätta att överväga BK-kunskapen, regelbundet, för att ständigt **förbli** som den andliga initiativtagaren. En kort paus, från andlig ansträngning, kommer inte att hindra en från att vara den andliga initiativtagaren, eftersom den renhet som förvärvats under den andliga ansträngningen kommer att upprätthålla BK: s förmåga att förbli som den andliga initiativtagaren under en tid. Men om BK tar en lång paus från andlig ansträngning kommer han att sluta vara den andliga initiativtagaren. Mötesåldern hjälper till att rena och stärka själen. Ju större den andliga ansträngningen är, desto större är den andliga kraften som förvärvas. Under renings- och förstärkningsprocessen kan man underhållas av visioner.

När Gud ger en vision till en BK, tjänar det gudomliga KE-ljuset genom att skapa relevanta subtila kroppar **baserade på änglakroppen.** Så de änglakropparna, i visioner, ser ut precis som oss och vår änglakropp. De subtila regionerna och änglakropparna, i visioner, existerar inte permanent. KE ljus levererar endast tillfälliga subtila miljöer och änglakroppar i visioner.

Mötespunktens aurafält vibrerar ut från änglakroppen, som är den holografiska kroppen. Visioner ses i mötesålderns aurafält, bortom den fysiska världen. Således ses visionerna i det subtila området. Visioner hjälper de samflödets åldrar att få större "tro" och så hjälper de till med omvandlingsprocessen. En BK kan ha tre slags upplevelser:

1. Den kraftfulla saliga scenen som upplevs i själen och inga visioner ses.

2. Den kraftfulla saliga scenen som upplevs i själen och samtidigt ser BK också en vision som involverar området utanför själen.

3. BK ser en vision utanför själen men BKs andliga stadium är inte så bra. Gud ger visionen av vissa skäl enligt världsdramat.

I mötesåldern upplever själar vanligtvis bara den saliga scenen. Under detta saliga steg renas och stärks själen. Visioner rena och stärka inte själen. Så BK: s ger inte betydelse för visioner. Betydelsen ges endast till den saliga scenen i Brahma Kumaris.

Brahm-elementet ger inte subtila former. Brahm-elementet tillåter inte heller själen att uttrycka sig som hur KE-ljuset gör (genom aura och subtila kroppar). Brahm-elementet är bara miljön i själavärlden.

I början av mötesåldern, när Gud lämnade själavärlden för att komma in i den fysiska världen, åtföljde några av Brahm-elementen Gud till den fysiska världen eftersom de ger miljön för Gud att stanna kvar. Efter att den subtila regionen skapades, åtföljde Brahm element Gud till den fysiska världen som blev en del av miljön i Shankerpuri.

Efter att Gud och några av Brahm-elementen hade kommit in i den fysiska världen, gick Gud in i Lekhrajs kropp (grundaren av Brahma Kumaris). En del av Brahm-elementet hade kommit in i Lekhrajs kropp för att bli omgivningen för Guds energier inom kroppens mindre utrymme. Resten av Brahm-elementet förblev utanför Lekhrajs kropp. Brahm-elementet var tvungen att vara miljön för Gud i den fysiska världen eftersom:

1. Gud hade **inte** börjat använda Lekhrajs kropp.
2. Lekhraj hade **inte** börjat använda sin ängelkropp.
3. Mötespunktens aurafält av Lekhraj hade ännu **inte** fastställts. Mötespunktens aurafält upprättas först efter att själen börjar använda sin änglakropp

När Gud kom in i Lekhrajs kropp, övergav Lekhraj sig till Gud. Därför började Lekhraj använda sin änglakropp. Det var Lekhraj som först började använda sin änglakropp. Det var som om livet gavs till hans änglakropp. I det ögonblick han började använda sin änglakropp, vibrerade mötespunktens aurafält från sin KE-ljus änglakropp. Därför etablerades hans mötespunktens aurafält. Lekhraj var den första personen som använde mötespunktens aurafält. Lekhraj började kallas "Brahma Baba", efter att han hade överlämnat sig själv till Gud.

Efter att Lekhraj började använda sin änglakropp och mötespunktens aurafält, **gick Gud in i Brahma Babas fysiska kropp direkt** från det subtila området genom Brahma Babas *änglakropp och mötespunktens aurafält* (nedan kallat "Babas änglakropp och aurafält"). Gud gick in på detta sätt eftersom *Babas änglakropp och aurafält* är **anslutna till Brahma Babas fysiska kropp**. Således behöver inte Brahm-elementet komma in i den fysiska världen. De kan förbli i den subtila regionen. Efter att ha kommit in i Brahma Babas kropp började Gud använda:

1. Brahma Babas fysiska kropp
2. Brahma Babas änglakropp och
3. Brahma Babas mötespunktens aurafält

Således kunde Gud komma in i Brahma Babas kropp direkt från den subtila regionen.

När Gud kom in i Brahma Babas kropp, började Brahma Baba och Gud använda *Babas änglakropp och mötespunktens aurafält*. Detta liknar hur en själ börjar använda kroppens aura, efter att själen kommer in i fostret.

Enligt världsdramat, efter att ha kommit in i den fysiska världen, var Gud tvungen att använda Brahma Babas kropp för att ge sakar murlis. Sakar murlis är Guds meddelanden som gavs genom Brahma Baba när han levde.

*Änglakroppen och mötespunktens aurafält* finns i den subtila regionen, bortom den fysiska världen. Därför bodde själen och medvetandet om Brahma Baba i den subtila regionen, även om själen fortfarande befann sig i den fysiska kroppen när Brahma Baba levde. När Brahma Baba levde använde han två världar samtidigt: den fysiska världen och änglavärlden.

"Medvetandet" är den "medvetna" aspekten av själen; medvetande är inte själen, så det kosmiska medvetandet är inte en "själ". När det gäller människor kan man betrakta sitt medvetande som det medvetna jaget. Brahma Babas medvetande, när han levde, var hans andliga initiativtagare eller änglajaget. När han gjorde andliga ansträngningar gjorde han det som en andlig initiativtagaren. När han upplevde änglastadiet, upplevde han det som änglajaget. När vårt andliga stadium är mycket högt, slutar vi att vara den andliga initiativtagaren och förblir bara som änglajaget under **en sekund**. Efter det måste vi bli den andliga initiativtagaren och göra andliga ansträngningar. Om inte, förlorar vi vår höga scen snabbt. Om vi fortsatte att göra andliga ansträngningar, när vårt andliga steg är högt, kommer det att vara som om vi fortsätter att växla mellan änglajaget och den andliga initiativtagaren. Det kan sägas att när vi är en andlig initiativtagaren, är vi också det änglajaget. Vårt andliga stadium är inte högt och kommer inte änglajaget att vara synligt i våra ögon, beteende, andliga scen, etc. Det kommer att vara som om vi har delats upp i "två":

1. Änglajaget som är i änglakroppen
2. Den andliga initiativtagaren som gör andliga ansträngningar genom att använda den fysiska kroppen.

Själens energier, som är förankrade i den subtila regionen, kommer att vara änglajaget i änglavärlden. De flesta av själens energier kommer att användas av den andliga initiativtagaren, **såvida** inte BK är i ett mycket högt andligt stadium. När vi fortsätter att göra andliga ansträngningar kommer mer energi från själen att fortsätta gå in i änglakroppen **tills** vi slutar att vara den andliga initiativtagaren (under den delade sekunden när vi har en mycket god upplevelse som änglajaget). Efter att Brahma Baba lämnat sin fysiska kropp, är hans medvetande bara änglajaget. BKs hänvisar till detta änglajaget som "Änglalika Brahma Baba".

Även om Brahma Baba har lämnat sin fysiska kropp, kommer Brahma Baba fortsatt att använda sin *änglakropp och mötespunktens aurafält* i det subtila området. Gud använder fortfarande *Babas änglakropp och aurafält*. Således är Gud fortfarande i den fysiska världen.

Det ***gudomliga KE-ljuset*** som finns i änglakroppen och *mötespunktens* aurafält är **"ett" med *KE-ljuset i den fysiska världen,*** även om det *gudomliga KE-ljuset* är bortom den fysiska världen. Eftersom det är "en" med *KE-ljuset i den fysiska världen*, är det också **"en" med alla andra kvantenergier som realiserar den verkliga världen**. Således är alla *KE-ljus och kvantenergier* **anslutna** till änglakroppen och mötespunktens aurafält **genom det *gudomliga KE-ljuset*.** Därför *kan Babas änglakropp och aurafält* sägas vara i den fysiska världen.

Brahma Baba var tvungen att befinna sig i en fysisk kropp för att börja använda sin änglakropp och mötespunktens aurafält. När Brahma Baba levde var hans änglakropp och mötespunktens aurafält anslutna till hans fysiska kropp genom hans hjärtchakra (4: e chakra som är runt hjärtat, i den fysiska kroppen). Även om Brahma Babas aurafält finns i änglavärlden, förblev hans första aurafält (eteriskt fält) i den fysiska världen eftersom hans fysiska kropp finns i den fysiska världen. Det första aurafältet är anslutet till mötespunktens aurafält genom hjärtchakrat. Det första aurafältet är inte en del av aura, i verkligheten. Den kopplar bara den fysiska kroppen till aura. Det kan dock betraktas som en del av aura eftersom det är anslutet till aura. Det första aurafältet är det **dubbla** av den fysiska kroppen. Jag kommer att ge mer förklaringar om det första aurafältet, i efterföljande böcker. När Brahma Baba lämnade sin kropp begravdes hans kropp (och kremerades inte) i Madhuban. Madhuban är huvudkontoret för Brahma Kumaris vid Abu-berget, Indien. Sedan Brahma Babas kropp begravdes har hans första aurafält (det dubbla av hans fysiska kropp) förblivit i den fysiska världen, i Madhuban. Det första aurafältet består av KE-ljusenergier som tjänar Gud och mänskliga själar.

Således har Brahma Babas första aurafält kvar i Madhuban fram till denna dag. Det första aurafältet kopplar Brahma Babas aurafält till den fysiska världen. Således är änglalika Brahma Baba fortfarande kopplad till den fysiska världen. Emellertid använder änglalika Brahma Baba endast änglakroppen och mötespunktens aurafält. Änglalika Brahma Babas själ är i änglakroppen och inte i den fysiska kroppen. Eftersom mötespunktens aurafält vibrerar ut från änglakroppen är änglalika Brahma Baba också kopplad till sitt första aurafält i den fysiska världen. Brahma Baba är inte längre en andlig initiativtagare eftersom han inte längre har en fysisk kropp för att göra andliga ansträngningar. Han är bara änglajaget. Eftersom Brahma Baba använde sin änglakropp och mötespunktens aurafält medan han befann sig i en fysisk kropp, kunde Brahma Baba använda dem även efter att ha lämnat sin fysiska kropp. Därför förblir Brahma Baba och Gud kopplade till den fysiska världen, även om Brahma Baba inte längre använder en fysisk kropp. Genom änglalika Brahma Baba fortsätter världsomvandlingen att ske.

När Gud började använda Brahma Babas kropp hade Guds energier vibrerat till *Babas änglakropp och aurafält*. Guds energier, som fanns inom *Babas änglakropp och aurafält* höll virvlarna öppna (i utkanten av den fysiska världen) för Brahma Baba. Så själen och medvetandet om Brahma Baba kunde vara bosatt i änglavärlden. Alla de som tar emot och använder BK-kunskapen, kunde också använda dessa öppnade virvlar genom *Babas änglakropp och aurafält*. Detta är fortfarande möjligt eftersom Brahma Baba befann sig i en fysisk kropp när Gud etablerade mötespunktens Age. Världsförändring ägde rum genom Brahma Baba, när han levde, med hjälp av sitt änglar änglakropp och Mötesåldern aurafält; Babas änglakropp och aurafält fortsatte att användas för världsomvandling efter att han blev änglalika Brahma Baba. Gud är i *Brahma Babas änglakropp* medan han är i änglavärlden. Som en följd vibrerar Guds energier fortfarande in i *Babas änglakropp och aurafält.* Så virvlarna, i utkanten av den fysiska världen, är fortfarande öppna för alla BKs. Av denna anledning fortsätter BKs att bo i änglavärlden.

Eftersom virvlarna, i utkanten av den fysiska världen, är öppna för Brahma Babas aura förblir **dessa virvlar öppna för alla de vars aura smälter samman med Brahma Babas aura** när de får och använder BK-kunskapen. Om till exempel GS3 (gudomliga själen 3) accepterar BK-kunskapen medan den mottar den för första gången, kommer GS3-aura att smälta samman med Brahma Babas aurafält eftersom GS3 har accepterat samma kunskap som Brahma Baba har accepterat. Eftersom auror slås samman och Brahma Babas aura fylls med Guds energier, flödar Guds energier (från Brahma Babas aura) in i GS3-aura och stärker GS3-aura. Guds energier rena och stärka alla energier som ligger inom GS3-aura. Således förvandlas auran hos GS3 till ett mötespunktens aurafält. Samtidigt **divideras själens intellekt** och energier och så:

1. det gudomliga intellektet flyger till det subtila området för att upprätta en koppling med Gud.

2. Några av själens kausala energier flyger och förankras inom änglakroppen i änglavärlden.

3. GS3-medvetandet blir den andliga initiativtagaren

Därmed är GS3-medvetandet i änglavärlden. När GS3-aura förvandlas är den inte längre i Kaliyug fysiska värld. Det är i änglavärlden; även om det första aurafältet (eteriskt fält) kvarstår i den fysiska världen eftersom den fysiska kroppen finns i den fysiska världen.

Själens energier, som fungerar som intellektet, kommer att ha lite energi som projiceras in i auran eftersom det är intellektet som skickar och tar emot information. Följaktligen finns några av *intellektets energier* i auran, för att kommunicera information till världen och få information från världen. När Guds energier förvandlar alla energier i GS3-aura till ett gudomligt tillstånd, divideras också *intellektets energier* i auran. Eftersom dessa energier är energier **som har projicerats av själens intellekt**, förvandlas *själens intellekt* (som ligger djupt i själen) till ett gudomligt tillstånd. Därför blir intellektet det "gudomliga intellektet".

När *intellektet i själens djup* blir diviniserat, **vaknar gudomliga själen** i själens djup och minns att han är den gudomliga själen som hade förlorat sin gudomliga värld i slutet av silveråldern. Det medvetna jaget kanske inte är medvetet om allt detta som pågår djupt inuti själen. "Själen" kommer ihåg, men personen kanske inte. Således börjar det kausala jaget i djupet av själen att fungera som det andliga ansträngningsskapande kausala jaget för att hävda sina rättigheter att bli gudomliga igen. Som ett resultat blir den andliga initiativtagaren det medvetna jaget och det Kaliyug medvetna jaget används inte som det medvetna jaget.

När den gudomliga själen vaknar upp i själens djup framträder det gudomliga intellektet från djupet **till själens yta.** Följaktligen övertar den andliga initiativtagaren, på själens yta, som det medvetna jaget. När detta händer får alla själens energier, som används på själens yta för det dagliga livet, energi till att bli gudomliga. Samtidigt kommer det **gudomliga in-**

**tellektet som dök upp från djupet** att flyga till änglavärdlen för att upprätta en koppling till Gud. När länken är upprättad:

1. Själens djup fortsätter att ta emot Guds energier genom det gudomliga intellektet och
2. Själens yta är aktiverad för att förbli i det gudomliga tillståndet.

Så själen blir renad och förstärkt. Om GS3 inte fortsätter att göra andliga ansträngningar, förlorar själens yta sitt gudomliga tillstånd. Energierna som samlas in i själens djup (nedan kallad "mötesålderns prana") **förblir** såvida inte GS3 helt slutar göra andliga ansträngningar. Om GS3 helt slutar göra andliga ansträngningar, kommer mötesålderns prana att läcka ut till själens yta. Därför kan själens yta njuta av renhet under en tid, **tills mötesålderns prana helt tappar ut**. Om GS3 har en hel del ackumulerad mötesålderns prana i själens djup, kan GS3 njuta av renhet under en längre tid om inte GS3 ständigt hänger sig med lasterna. När lasterna får fritt tyg till, konsumeras eller brännas en hel del prana (energi eller kraft). Därför kommer mötesålderns prana mycket förlorat. Att förlora mötesålderns prana är en liknelse av hur själen tappade andlig energi genom cykeln. Men mötesålderns prana kommer att dräneras ut snabbt eftersom:

1. själen är i sitt mest orena tillstånd. Ren energi förlorar sin prana snabbt när själen är i sitt mest orena tillstånd.
2. personen lever i den mest orena Kaliyug-världen. Ren energi förblir inte i ett kraftfullt tillstånd när man befinner sig i en Kaliyug-miljö. Pranaen konsumeras av orena energier i miljön.

I BK-centra och Brahma Kumaris huvudkontor finns ett BK kollektivt medvetande som är fyllt med Guds energier eftersom:

1. Aurorna (mötespunktens aurafält) hos BKs är fyllda med Guds energier.

2. Aurorna (mötespunktens aurafält) av BKs slås samman med Brahma Babas aurafält.

Från mina egna erfarenheter vet jag att de kraftfullaste energierna, för att stödja BK kollektivt medvetande, kommer från Brahma Kumaris huvudkontor i Mount Abu. Auran för alla som använder BK-kunskapen kommer att smälta samman i detta BK kollektiva medvetande. Således får de Guds hjälp för att gå längre än den fysiska världen. BK kollektiva medvetande kopplas in i den subtila regionen genom Brahma Babas mötespunktens aurafält. Därför får alla de vars aura smälter samman i detta BK kollektiva medvetande energi till att bli anslutna till det subtila området som ligger utanför den fysiska världen. Som ett resultat kan BKs enkelt gå längre än den fysiska världen när de använder BK-kunskapen.

Även om Brahma Babas första aurafält finns i Madhuban, är mötespunktens aurafält i en annan dimension där det inte finns något ”avstånd” och ”tid”. Så en persons aura, som inte finns i Madhuban, kan också ansluta till Brahma Babas aurafält

Enligt världsdramat tjänar det gudomliga KE-ljuset Gud och gudomssjälarna genom att tillhandahålla den subtila miljön och änglakroppen för *energierna i de mötespunktens själar*. Således, när BKs fortsätter att komma ihåg Gud eller fortsätter att använda BK-kunskapen, ger det gudomliga **KE-ljus av mötespunktens aurafältet:**

1. omgivningen för själens energier, när de flyger bortom den fysiska världen, och

2. den relevanta änglakoppen för en upplevelse, om en vision är inblandad.

Eftersom det rena gudomliga KE-ljuset förser BK med miljön, kan *själens energier* flyga bortom den fysiska världen. *Själens energier* flyger in i auran som expanderar för att gå längre än den fysiska världen.

Efter att ha kommit in i den fysiska världen började Gud använda tre världar på samma gång: fysiska världen, änglavärlden och själavärlden. Därför kan intellektet för den mötespunktens själ också flyga till själavärlden för att upprätta länken till Gud. Auran expanderar för att tillåta *själens energier* att flyga till själavärlden. Själen kan emellertid inte återvända till själavärlden för allt världsdrama måste alla gudomliga själar stanna kvar i änglavärlden för att världsomvandlingen ska ske **genom självomvandling**, dvs att gudarna själar måste fortsätta göra andliga ansträngningar tills de blir mycket kraftfullt andligt. Vidare är det bara Gud som kan ta alla tillbaka till själavärlden. Gud tar inte tillbaka någon förrän den guldåldern börjar verka.

Mötesålderns själar och *medvetenheten av alla mötesålderns själar* befinner sig i änglavärlden eftersom deras änglakroppar och samflödes *mötespunktens aurafält* finns i änglavärlden. Trots detta finns själen fortfarande i den fysiska kroppen. Även om mötespunktens aurafält är i det subtila området, bortom den fysiska världen, är det som om mötespunktens aurafält sträcker sig ner till kroppen. BKs och Brahma Babas *aurafälten* kommer att se gigantiska ut eftersom *mötespunktens aurafält* är anslutna:

1. till kroppen genom hjärtchakrat.

2. till det första aurafältet som ligger bredvid den fysiska kroppen, i den fysiska världen.

3. till BK kollektivt medvetande i BK-centra och Brahma Kumaris huvudkontor.

Mötesålderns själar kommer att ha den högsta auran eftersom deras aura går utöver den fysiska världen. Andra kan ha oror som kommer in i det kosmiska medvetandet, nära kanten av den fysiska världen. Men de kan inte ha aurafält bortom den fysiska världen eftersom virvlarna inte öppnas för att tillåta det. Ingen kan ha en aura som är så hög som mötesålderns själar och mötesålderns gudar. Mötesålderns gudars aura var också hög eftersom de gjorde andliga ansträngningar att förbli i SVL som fortfarande var bortom kvantvärlden, även om SVD och verkliga världen tappade in i kvantvärlden. Mötesålderns gudar var de mäktiga mänskliga själarna som inte gav efter för lasterna och som hade börjat meditationer för att upprätthålla en hög andlig scen. Så de kunde hålla SVL, som de var i, i en högre dimension under en tid. Ändå förde de svagare åldrarna med mötesålderns SVD och den verkliga världen in i kvantvärlden eftersom de inte gjorde andliga ansträngningar och de påverkades av lasterna.

Även om Gud är bosatt i Brahma Babas änglakropp, i den subtila regionen, så uppfattar man bara Guds närvaro och inte Brahma Babas närvaro under ens upplevelser, eftersom man bara kopplar sig själv till Gud. Man kopplar inte sig själv till Brahma Baba. Det finns två själar i Brahma Babas änglakropp: Brahma Babas själ och Gud (den högsta själen). När vi kopplar oss själva till Gud kopplar vi inte oss själen till Brahma Babas själ. Vi **kopplar oss bara till den högsta själen**. Brahma Babas kroppar (fysiska och ängla) är Guds vagn. Utan denna "vagn" kan världsomvandling inte äga rum.

När intellektet befinner sig i ett kraftfullt gudomligt tillstånd, under andlig ansträngning, kommer det gudomliga intellektet **lätt att flyga** in i det subtila området för att upprätta länken mellan själen och Gud. När intellektet inte befinner sig i ett kraftfullt gudomligt tillstånd skulle det inte kunna etablera länken till Gud. I många visioner hade jag sett mitt intellekt flyga till änglavärlden eller kämpa för att gå in i änglavärlden. I dessa visioner hade mitt intellekt sett ut som en kort sträng. Detta måste ha varit en reflektion om att energier fungerar som en "sträng" i det holografiska universum. I vissa upplevelser kändes det som om jag var det intellektet som var som en kort sträng. Detta berodde på att **jag är själen** och intellektet består av själens energier. Ibland kommer den korta strängen att se ut som jag.

I några av mina erfarenheter hade jag sett mitt intellekt upp och ner eftersom det inte var i ett kraftfullt tillstånd. Medan upp och ned såg det livlöst ut. När jag ser sådana visioner inser jag att mitt andliga stadium inte är bra och jag försöker koppla mig själv till Gud. Trots detta kommer ibland inte mitt intellekt att kunna flyga (i visionen). Så jag tänker vidare på BK-kunskapen eller på Gud tills jag ser mitt intellekt fyllas med energier och liv. Då kommer intellektet att vända sig till höger igen. Efter att ha fått andlig kraft kommer det att flyga för att upprätta länken till Gud. I dessa erfarenheter är det *livlösa upp och ner* intellektet en återspegling av att andliga initiativtagaren skapas inte. Ofta är vårt intellekt inte i ett gudomligt tillstånd eftersom:

1. vi hänger oss åt lasterna, eller

2. Vi kämpade med lasterna och så är vi utmattade och mycket trött.

Orden "kämpar med lasterna" betyder att vi försökte förbli i en andlig ren scen. I det rena stadiet skulle vi inte övervinnas av lasterna och lasterna skulle inte heller befinna sig i ett framväxt tillstånd. Intellektet används mycket när vi är i en "strid med lasterna". Således kan intellektet bli försvagat. Om intellektet är trött, känner vi oss trött eftersom intellektet består av själens energier, och vi är själarna. När vi känner oss trötta och försvagade känner vi oss oskyldiga och omotiverade för att göra andliga ansträngningar eller känna oss "livlösa". Således kommer även vårt intellekt att vara livlöst. Så vi gör inte andliga ansträngningar eller gör inte ett bra jobb medan vi gör andliga ansträngningar.

I många upplevelser såg jag mig gå genom ett hål, som låg i utkanten av den fysiska världen, för att gå in i änglavärlden. Gud skulle vara bortom det hålet som ett kraftfullt ljus, och hela området, bortom det hålet, skulle lysas upp med Guds kraftfulla ljus. På den tiden visste jag ingenting om virvlar. Därför visste jag inte att hålet var en virvel. Jag visste bara att jag var tvungen att gå igenom det hålet, i slutet av den fysiska världen, för att gå in i änglavärlden. Jag visste att hålet var ingången till det subtila området.

Om intellektet bara har fått kraft, kommer det att kämpa för att flyga upp det hålet för att upprätta länken med Gud. I många visioner hade jag sett den kamp som mitt intellekt hade. Det fanns tillfällen då jag hade sett mitt intellekt fungera smart, genom att haka sig själv på kanten av det hålet eftersom det inte var tillräckligt kraftfullt för att flyga längre in i det subtila området. Intellektet skulle se ut som en kort sträng med spetsen böjd för att haka sig själv. Den böjda spetsen kommer att finnas på sidan av änglavärlden, medan resten av intellektet (strängen) kommer att hänga i den fysiska världen och svänga runt när man försöker gå in i änglavärlden. Gud skulle titta på vad jag gjorde medan han befann sig i det subtila området. Han skulle titta på mig genom hålet. Om det såg ut som om jag inte skulle göra det på egen hand, skulle han ge en hjälpande hand att dra mig in i det subtila området. Ibland kunde jag göra det på egen hand och jag såg mig själv som mitt intellekt: min hand skulle hålla fast vid kanten av hålet, medan resten av mig skulle hänga ner i den fysiska världen. Den böjda spetsen av strängen skulle vara mina fingrar som var på andra sidan, i änglavärlden. Eftersom det är på andra sidan, blir det energi. Detta återspeglade en svag länk. Så när mina fingrar var energiska, kunde jag känna Guds energier komma in i mig (själen). Jag såg mig själv stötta på detta sätt (med fingrarna ovanför hålet, medan jag tog tag i sidan av hålet) eftersom Guds energier gav mig stöd för att gå utöver. Men **bara några av mina energier fanns inom änglavärlden** på grund av min svaga scen. Eftersom fingrarna (som representerar en del av mina gudomliga intellektets energier) började få energi fick jag mer stöd för att flyga bortom. Därför skulle jag i visionen se mig själv lägga mitt ben upp genom hålet, medan jag fortfarande kämpar, och jag skulle också använda benet för att hänga från kanten av hålet. Eftersom jag hade mer stöd var det uppenbart att jag inte tappade ner i min fysiska kropp. Detta berodde på att min länk blev starkare. Jag skulle också känna att mer av Guds energier kommer in i mig (själen). Det större stödet återspeglade att Guds energier gav mig mer stöd för att gå in i änglavärlden. Jag fick mer stöd från Guds energier eftersom jag utsattes för mer av hans energier som var ovanför hålet. Sedan i visionen, eftersom jag har mer stöd genom att använda hand och ben, skulle jag lyfta mig upp eller svänga mig upp genom hålet och gå in i änglavärlden som ligger bortom den fysiska världen. Detta var en reflektion att min länk hade blivit bra. Jag skulle också uppleva ett bra andligt stadium vid den tiden.

I vissa upplevelser tappade jag ner i kroppen *när mitt grepp på kanten* inte var bra. Detta beskrev att min andliga ansträngning inte var tillräckligt bra. Ibland kan Gud hjälpa en gudomlig själ, att upprätta en länk till sig själv genom att ge gudomlig själ vibrationer genom BK: er som har en länk till Gud.

Mötesålderns själar bor i den subtila regionen. Emellertid kommer själen med mötesåldern inte att lämna den fysiska kroppen för att bo i änglavärlden. Själen kommer att använda änglavärlden och den fysiska världen. Den fysiska världen används eftersom den fysiska kroppen måste användas. Själens medvetande finns inte i den fysiska världen, det är i den änglavärlden. Den samflödets åldriga själen kommer att titta genom ögonen och använda kroppen, medan den samflödets åldriga själen är i en annan värld. Mötesålderns själ kommer att vara som en främmande i denna den fysiska världen, när man använder kroppen, eftersom själen för samvetsåldern inte tillhör den fysiska världen. Mötesålderns själ tillhör änglavärlden, som är en annan värld än den fysiska världen eftersom:

1. det är bortom den fysiska världen.

2. Äldre själar kan inte åka dit, som de vill; som hur de kan gå var som helst inom den fysiska världen.

3. helt olika typer av energier används för att skapa änglavärlden. KE ljuset är också av en annan typ, med en annan densitet.

KE-ljuset är av en annan typ och av en annan densitet eftersom det påverkas av:

1. själens andliga scen och andliga styrka och
2. Den högsta själens energier.

Ju högre själens andliga stadium och styrka, desto lättare (eller mindre tät) den subtila miljön etc. som tillhandahålls av KE ljuset. KE-ljusets densitet är i följande ordning (från minst tät till tätaste):

1. KE-ljuset i det subtila området är minst tätt. Således består de änglakropparna, mötespunktens aurafält, subtila regioner och subtila miljöer (i mötesåldern) av KE-ljus som är det minst täta eller lättaste. Dessa KE-ljus är mindre täta eller lättare än i den första halvcykeln eftersom dessa energier är nära Gud.

2. KE-ljuset under den första halvcykeln är mycket lätt (mindre tätt) på grund av deras gudomliga tillstånd. Gudomligt KE-ljusär mindre tätt än KE-ljuset som är i vanligt tillstånd (icke-gudomligt). Den subtila miljön, aurafält och holografiska organ (under första halvcykeln) består av gudomliga KE-ljusenergier.

3. Under **andra halvcykeln** är KE-ljuset i **vanligt** skick. Således kommer de att vara mindre täta än de gudomliga KE-ljusenergierna under första halvcykeln. I den andra halvcykeln, om en person **lever ett andligt eller religiöst liv**, tillhandahåller det rena KE-ljuset den subtila miljön, subtila kroppar etc. Dessa är lättare (mindre täta) än de andra KE-ljusenergierna under andra halvcykeln. Eftersom dessa vanliga KE-ljusär i deras rena tillstånd kommer de att se gyllene ut eller tända upp. Dessa energier är emellertid tätare än KE-ljuset under den första halvcykeln eftersom KE-ljuset, under den första halvcykeln,

är i det rena **perfekta gudomliga tillståndet** medan KE-ljuset, i den andra halvcykeln, är i sitt **vanliga** tillstånd.

4. I den **andra halvcykeln**, om en person **inte lever ett dygdigt, andligt eller religiöst liv**, är KE-ljuset som tillhandahåller den subtila miljön, subtila kroppar etc. för personen **täta** eftersom KE-ljuset är i deras vanliga tillstånd.

5. Under **andra halvcykeln**, om laster används av en person, tillhandahåller det tätaste KE-ljuset de subtila miljöerna, subtila kroppar etc. eftersom KE-ljuset **är i orent tillstånd** när de ligger nära lasterna.

Brahm-elementet, som har åtföljt Gud från själen världen, blir också en del av miljön för Gud och de kraftigare gudar själar i änglavärlden. Brahm-elementet består av rött ljus. Miljön i själavärlden röd, eftersom själavärlden fylldes med detta röda ljus. Brahm-elementet har ingen motsvarighet i den fysiska världen eller någon annanstans. Det fyller bara själavärldens ljus. KE-ljuset har kvantenergier, i kvantens dimensioner, som motsvarighet.

Det som är så unikt med mötesålderns subtila region är att tre olika slags element (KE ljus, mellanelement och Brahm element), som tillhör tre olika typer av världen, är en del av miljön i subtila regionen. Alla tre är en del av miljön i den subtila regionen eftersom den subtila regionen är en utgångsväg till själavärlden. Av den anledningen är den subtila regionen inte som den fysiska världen. Den fysiska världen är för själarna som spelar en roll på jorden. Den fysiska världen är inte en utgångsväg tillbaka till själavärlden.

När mötesålderns själar fortsätter att göra andliga ansträngningar, verkar det som om de är på väg tillbaka till själavärlden, även om de fortfarande befinner sig i änglavärlden.

Det är som om de är på väg tillbaka till själavärlden eftersom deras andliga styrka fortsätter att öka, de går in i ett högre utrymme i änglavärlden. Därför verkar det som om de närmar sig själen världen. När den andliga styrkan fortsätter att öka i gudomens själar, kommer en samling av Shanker att börja existera i Shankerpuri (den högsta subtila regionen som är närmast själavärlden).

Som det framgår av BK-kunskapen, är det nödvändigt att de 900 000 kraftfullaste gudarna själarna är redo för att världsomvandlingen ska äga rum. Det betyder: de måste ha gjort mycket andlig ansträngning genom att använda BK-kunskapen och bli andligt kraftfulla själar. Deras andliga styrka borde kunna upprätthålla den gudomliga världen under första halvcykeln. Dessa 900 000 mest kraftfulla gudar själar kommer att samlas Shanker, i Shankerpuri, i slutet av cykeln. Om de lämnar sina kroppar och är "redo" för världsomvandling, kommer de inte att ta en annan inkarnation. De kommer att stanna kvar i änglavärlden tills världen förvandlas till den gyllene åldern, på jorden. Deras andliga styrka kommer att bidra till skapandet av guldåldersvärlden.

Alla mänskliga själar kan bara gå tillbaka till själavärlden, efter att världen har börjat förvandlas till den gyllene åldern på jorden. Fram till dess, om en själ inte är i en mänsklig kropp, måste själen vänta i en relevant subtil dimension som tillhandahålls av KE ljus-energier, *enligt världsdramat.*

Som förklarats i BK-kunskapen, i själavärlden, de mäktigaste själarna är på toppen. Ergo, Gud är i toppen. Under Gud är de gudomliga själarna som tar inkarnationer under den första halva cykeln. De mindre kraftfulla gudarna själar är under de kraftfullare gudarna själar. De gudomliga själarna som tar

**sin första inkarnation i guldåldern** under varje cykel (hädanefter kallade ”gyllene ålders själar”) är kraftfullare än gudomliga själar som tar **sin första inkarnation i silveråldern** (nedan kallad ”silverålders själar”). I själavärlden är således guldålders själar **ovanför** silverålders själar. I själavärlden finns det **olika uppdelningar** under de gudomliga själarna. De hinduiska hängivna själarna, som inte är följare av guruer och religiösa grundare, kommer att vara **i divisionen** som ligger direkt under alla gudomliga själar. De andra divisionerna, till vänster och höger om denna uppdelning, är **divisionerna för de olika religionerna**. Grundaren av varje religion kommer att vara högst upp i sin uppdelning. Nedanför grundarna finns deras följare. Till exempel kommer kristna att ligga under Kristus i en egen division (rymd/region). När Gud tar alla mänskliga själar tillbaka till själavärlden, tar han dem tillbaka i denna ordning. Följaktligen kommer den subtila dimensionen som icke-gudomliga själar existerar i innan de återvänder till själavärlden, att ligga under mötesålderns subtila region. Varje religiös grupp kommer att ha sin egen subtila dimension.

Enligt BK-kunskap kommer själarna som upplever straff på domedagen som kommer att vara i Dharamraj Puri. Oavsett var själarna är placerade i, inom den subtila dimensionen i sin grupp, förblir själarna där. Ändå tas de in i en annan dimension, som använder samma utrymme som deras subtila dimension, medan de upplever straff på domedagen. Det kommer att vara som om de är i två dimensioner:

1. den subtila dimensionen i deras grupp, och
2. Dharamraj Puri.

De kommer dock bara att uppleva straff i Dharamraj Puri och **inte** i den subtila dimensionen i deras grupp. Det kommer att vara som om de tillfälligt tas in i en annan dimension innan de upplever straffet. Själarna upplever straff eftersom de renas. Mänskliga själar renas omedelbart på domedagen. Som ett resultat är det smärtsamt

Alla själar renas innan de tas tillbaka till själavärlden. Befolkningen som skulle vara kvar på jorden, efter det, skulle vara liten. Endast gudomssjälarna, som vandrar in i den gyllene åldersvärlden, skulle vara kvar på jorden. De som *går in i guldåldersvärlden* kommer att ta hand om allt i gyllene åldersvärlden **tills** gudomliga själarna, som är födda i guldåldern, tar över.

Under mötesåldern sker reningsprocessen bara **mycket långsamt** medan de i mötesåldern njuter av lycka. Som en följd av detta upplever BK: er inte reningsprocessen som en "straff". De tycker bara om lycka, i den änglavärlden, eftersom Guds energier hjälper dem att uppleva **endast salighet** och inte smärta. Under reningsprocessen brinner Guds energier bort synderna osv. Om mötesålderns själ inte helt har renat sig själv, under mötesåldern skulle han uppleva smärta på domedagen för allt det som inte har bränts bort under mötesåldern.

Under deras andliga ansträngningar är de i mötesåldern själva bosatta i en av de tre subtila regionerna i sammanflödet: Vishnupuri, Brahmapuri eller Shankerpuri. Dessa tre subtila regioner har olika tätheter. Därför är det som om de är ovanpå varandra. Minst tät är Shankerpuri. Så det är den högsta subtila regionen. Den tätaste bland dessa tre är Brahmapuri, så det är den lägsta bland de tre subtila regionerna. Även om det verkar som om dessa tre subtila regioner är en ovanpå den andra, använder alla tre samma utrymme **bortom den fysiska världen.**

Mer än ett subtilt område kan användas samtidigt. Det är därför Gud och änglalika Brahma Baba bor i mer än ett subtilt område. Gud och änglalika Brahma Baba finns i Brahmapuri, där alla mötesålderns själar bor, eftersom Brahma Babas änglakropp finns i Brahmapuri. Men Gud (den högsta själen) och *själen i Brahma Baba* är också i Shankerpuri på grund av deras andligt kraftfulla tillstånd. Eftersom Gud är i Shankerpuri är Brahm-elementet i Shankerpuri.

Att använda två subtila regioner samtidigt liknar hur man kan använda den verkliga världen och den holografiska världen samtidigt. En **medvetenhet** kan vara:

1. I den verkliga världen (som hur änglalika Brahma Baba är i Brahmapuri). I den verkliga världen är människor ofta bara medvetna om att deras **medvetande** finns i den verkliga världen.

2. I den holografiska världen (som hur änglalika Brahma Baba är i Shankerpuri). Under upplevelser är icke-BK: s medvetna om att deras medvetande finns i det holografiska universum. När BKs har en upplevelse av att vara i Shankerpuri, kanske de är medvetna om att de är i Shankerpuri.

3. I både (verkliga världen och den holografiska världen) som hur änglalika Brahma Baba är i Brahmapuri och Shankerpuri på samma gång. Alla människor använder faktiskt båda världar (verkliga världen och holografiska världen)) men de är normalt sett bara medvetna om att vara i en av dessa världar. På samma sätt är BKs normalt inte medvetna om att de använder mer än ett subtilt område samtidigt. Ibland kan man dock vara medveten om att man är i mer än en dimension

BK kan använda Shankerpuri eller Vishnupuri när de använder Brahmapuri. I själva verket är de mötesålderns själar, vars medvetande är i Shankerpuri eller Vishnupuri, anslutna till den fysiska världen genom Brahmapuri eftersom dessa själar också är involverade i att *spela rollen som Brahma* för att omvandla världen till guldåldersvärlden. Eftersom alla tre subtila regionerna är anslutna, har alla tre subtila regioner Guds vibrationer i sig.

Även om den högsta själen och *själen i Brahma Baba* också finns i Shankerpuri, är detta inte betydelsefullt eftersom **Gud använder änglalika Brahma Baba** för att hjälpa alla mötesålderns själar som är **i Brahmapuri.** Brahmapuri inkluderar:

1. Babas änglalikakropp and mötespunktens aurafält.
2. BK kollektivt medvetande.
3. Alla änglakroppar och mötespunktens aurafält av alla mötesålderns själar.

BK kollektiva medvetande är kopplad till BKs i den verkliga världen. Även om det verkar vara i den verkliga miljön, i BK-centra och Brahma Kumaris huvudkontor, är det inte i den verkliga världen. Genom BK: s kollektiva medvetande och BK: s andliga ansträngning, är det som om BK:

1. ta med Brahmapuri till BK-centra och Brahma Kumaris huvudkontor.
2. ta med miljön, i BK-centra och Brahma Kumaris huvudkontor, till den subtila regionen.

Mötpunktens aurafält fungerar som ett chakra för att ta upp Guds energier, och de andra energierna, från det subtila området. Således verkar det som att den subtila regionen också existerar inom mötepunktens aurafält. Detta aurafält är anslutet till BK, i den verkliga världen, genom det första aurafältet. Därför verkar det som om BK tar med sig den subtila regionen till den fysiska världen där den fysiska kroppen är. Eftersom det är som om den subtila regionen också existerar inom mötpunktens aurafält, är *själens energier* i BK: s aura inom den subtila regionen.

BK: s kollektiva medvetande består av *mötespunktens aurafält* av BKs som har gått samman till *mötespunktens aurafält av änglalika Brahma Baba.* Eftersom den subtila regionen tycks vara i mötespunktens aurafält, kan det sägas att BK kollektiva medvetande har fört subtilregionen in i *BK-centra och Brahma Kumaris huvudkontor.*

Änglavärlden kan kännas när en BK har en lycklig upplevelse eftersom **själens energier**, som ligger inom mötespunktens aurafält, **är inom** *energierna från den subtila regionen.* Miljön i änglavärlden känns också eftersom aura expanderar till änglavärlden. Eftersom visioner ses i fältet mötespunktens aurafält återspeglar visionerna också de subtila regionerna eftersom:

1. Mötespunktens aurafält är fylld med energier från det subtila området.

2. Mötespunktens aurafält är i det subtila området.

Om Gud ger en vision i Vishnupuri till en BK, kommer Guds energier också att driva mötespunktens aurafält De aktiverade KE-ljusenergierna, i mötespunktens aurafält, kommer att flöda tillsammans med vad Gud gör genom att flyta mot Vishnupuri. När auran expanderar föras också själens energier (som finns inom auran) till Vishnupuri där BK kommer att se visionen. BK kommer att se visionen inom mötespunktens aurafält **i Vishnupuri**. Energierna i Vishnupuri och i mötespunktens aurafält kommer att vara i ett sammansatt tillstånd. Därför ses visionen i båda.

Enligt BK: s kunskap är männen som lever under guldåldern "Krishna". Efter äktenskapet blir de ”Narayan”. De gifta kvinnorna, som bor i guldåldern, kallas ”Lakshmi”. Vishnu är den kombinerade formen av Lakshmi och Narayan i guldåldern. Därför är BK: erna som har erfarenheter, i den subtila regionen som kallas Vishnupuri, utrustade med änglakropparna Krishna, Lakshmi, Narayan eller Vishnu. Dessa tillfälliga änglakroppar skapas, i visionerna, om de mötesålderns själar måste uppleva sig själva som Narayan etc. Dessa änglakroppar används eftersom Vishnupuri är fylld med KE-ljusenergier. Vishnupuri är en ren gudomlig subtil region. Därför är den gyllene i färgen. De gyllene gudomliga KE ljusenergierna, i Vishnupuri, materialiserar de visioner som Gud ger i Vishnupuri. Därför skapar det gyllene gudomliga KE-ljuset änglakropparna och blir miljön, i Vishnupuri, när man upplever sig själv som Lakshmi, Narayan, etc. Mötespunktens aurafält expanderar till Vishnupuri, när man har dessa upplevelser i Vishnupuri, eftersom man uppfattar visioner i ens egen aura.

Färgen på miljön i Shankerpuri ser orange ut, i visioner, eftersom Shankerpuri har en blandning av:

1. ren gyllene KE ljusenergier och
2. Brahm-element, som är rött ljus.

I BK-kunskapen är "fröstadiet" scenen där BK:

1. använder inte en änglakroppar,
2. upplever bara sig själv som den mäktiga själen i den saliga scenen.

Man upplever *fröstadiet* i Shankerpuri eftersom:

1. Shankerpuri har mer av Guds vibrationer än de andra två subtila regionerna. Således får man energi att gå utöver alla ”former”.

2. Shankerpuri har Brahm-elementet. Brahm-elementet ger en miljö som liknar den i själavälrd, där själarna inte har några "former".

3. Shankerpuri har mindre mängder KE ljusenergier än de andra två subtila regionerna, eftersom Brahm Element fyller utrymmet i detta subtila område. Eftersom det finns vissa KE-ljusenergier, kan man också använda en subtil Shanker-kropp medan man befinner sig i Shankerpuri.

Under Mötesåldern flyger *själens energier* in i en av de tre subtila regionerna och bor där som en gudom (Brahma, Vishnu eller Shanker) på grund av dess rena tillstånd. Om en **vision inte ses**, kommer man att känna att:

1. En är i ett subtilt område. Detta känns genom *själens energier* som är inom mötespunktens aurafält, i det subtila området.

2. En är den relevanta gudomen i den relevanta subtila regionen. Detta känns på grund av att *själens energier* är bosatta i det subtila området, som gudomen i den subtila regionen.

Om man ser en vision av denna erfarenhet, kommer KE-ljuset att tillhandahålla en änglakropp av gudomen (Brahma, Vishnu eller Shanker) i visionen för själens energier och detta återspeglar själens andliga tillstånd.

Alla mötesålderns själar finns i Brahmapuri eftersom de är involverade i skapandet av den gyllene åldersvärlden. Eftersom de är involverade i att skapa den nya gyllene åldersvärlden, är de "Brahma" i Brahmapuri. Mötesålderns själar kommer bara att finnas i Brahmapuri och inte i de andra två subtila regionerna, om de befinner sig i ett andligt svagt stadium eller om *de inte gjorde andliga ansträngningar under en kort varaktighet*. Den gudomliga själen förblir i Brahmapuri även när den gudomliga själen inte allvarligt gör andliga ansträngningar eftersom:

1. deras änglakroppen finns i Brahmapuri, och
2. mötespunktes aurafält kopplar dem till Brahmapuri, där deras änglakropp är.

Även om mötesåldern påverkas av lasterna, är han fortfarande i Brahmapuri eftersom han fortfarande har sin änglakropp i Brahmapuri. Lasterna kan inte gå in i Brahmapuri eftersom den subtila regionen är fylld med Guds energier. Det är bara själens rena energier som kan flyga in i det subtila området. Emellertid kan lasterna från själen vibrera till:

1. BK: s aura och
2. BK-miljön, i BK-centret, såvida inte BK-miljön också är väldigt ren och kraftfull eftersom Guds energier ständigt släpps ut i miljön genom kraftfulla BK i BK-centrum.

Eftersom BK: s aura- och BK-miljö kan ses som en del av Brahmapuri, är det som om Brahmapuri inkluderar BK: er som använder lasterna. Eftersom dessa BK är i Brahmapuri, kan de enkelt göra andliga ansträngningar för att gå in i det rena tillståndet. Mötesåldern andlig ansträngning görs i Brahmapuri. En BK behöver inte vara i ett bra andligt skede för att påbörja denna andliga ansträngning; även om BK måste ha ett bra andligt stadium för att upprätta en kraftfull länk till Gud.

I visioner kommer färgen på Brahmapuri att se vit eftersom Guds energier, mittelementet och KE-ljuset alla är vita ljus. KE ljusoch mittelements ser vita och inte gyllene ut i Brahmapuri, eftersom:

1. Det finns mindre av Guds energier i Brahmapuri än i Vishnupuri och Shankerpuri.

2. De är nära de svagare energier som finns i den fysiska världen.

3. Även svaga mötesåldern själar finns i Brahmapuri.

Det finns mindre av Guds energier i Brahmapuri jämfört med Vishnupuri och Shankerpuri eftersom människor, som inte gör andliga ansträngningar, inte kan utsättas för mycket av Guds energier. Om de utsätts för mycket, kan de uppleva smärta eftersom deras andliga stadium inte är en kraftfull. Trots detta kan man ständigt se Gud i Brahmapuri eftersom:

1. Guds energier finns ständigt där för att ge hjälp, under omvandlingsprocessen och

2. Gud använder Brahma Babas änglakropp som finns i Brahmapuri.

Även om vår änglakropp finns i Brahmapuri, kan vårt medvetande vara i Vishnupuri eller i Shankerpuri. Visioner kan ses i alla tre subtila regioner. Om vi **inte** är involverade i visioner:

1. När vi har en upplevelse i **Shankerpuri** kommer vi att **känna** oss som en **mäktig själ**.

2. När vi har en upplevelse i Vishnupuri kommer vi att **känna** oss som en **gudomlig själ**.

Medan i någon av dessa tre subtila regioner absorberar den samvetsåldrade själen Guds vibrationer genom sin direkta länk till Gud. Under den här absorptionen aktiverar Guds vibrationer mötesålderns själ. När mötesålderns själ aktiveras, kommer Guds vibrationer att vibrera in i BK: s mötespunktens aurafält. Därifrån kommer Guds vibrationer att vibrera till:

1. mötesålderns miljö, i den fysiska världen.

2. det kosmiska medvetandet som ligger strax under änglavärld.

3. det holografiska universum.

4. till någon annanstans där det skickas.

Eftersom BK har en änglakropp och en mötespunktens aurafält, är den subtila regionen nära kopplad till BK: s miljö i den fysiska världen. Detta gör att miljön, på jorden, kan förvandlas till mötesålderns miljö. Människor som kommer in i den samhällsåldrade miljön på jorden, i BK-centra etc., kan lätt gå in i ett rent andligt tillstånd.

Om, efter att ha tagit upp Guds energier, mötesålderns själ skickar Guds energier till någon eller till världen kommer mötespunktens aurafält att föra Guds energier dit det skickas. Om Guds energier skickas till en annan själ, kommer Guds energier att lämna genom BK: s Ajna Chakra, vid pannan, och de kommer att gå in i den andra Ajna Chakra för att nå den andra själen. Om Guds energier skickades till en person som är väldigt långt borta kommer mötespunktens aurafält att expandera för att föra Guds energier till den personen. Om Guds energier skickades in i naturen, kommer Guds energier att lämna BK: s mötespunktens aurafält och gå in i *KE: s ljus och kvantenergier* i naturen. BK: s mötespunktens aurafält kan ta Guds energier in i de olika dimensionerna, inom det holografiska universum, för att ge dem energi. Det gudomliga KE-ljuset, i mötespunktens aurafält, överför Guds energier *till KE-ljuset och kvantenergier* i det holografiska universum. Eftersom det kosmiska medvetandet ligger precis under den subtila regionen, är det kosmiska medvetandet också aktiverat för att bli gudomligt. När det kosmiska medvetandet blir fullständigt transformerat, i SVL, förvandlas alla *KE-ljus- och kvantenergier*. Således förvandlas till och med den verkliga världen till guldåldern. Men denna omvandlingsprocess är i steg. Detta diskuteras vidare i framtida böcker.

I slutet av cykeln, när det kosmiska medvetandet blir kraftfullt precis under änglavärlden, börjar virvlarna att snurra till en högre höjd. Därför ökar höjden på det holografiska universum. Så när den gyllene åldersvärlden börjar realiseras som den verkliga världen, tar SVL under den första halvcykeln tar **över den** utrymmet av den subtila regionen. Eftersom detta händer:

1. Mittelementet, från änglavärlden flyttar in i utrymmet som ligger bortom änglavärlden (där allt annat mittelementet finns).

2. Brahm-elementet går tillbaka till själavärlden med Gud.

Följaktligen är det bara KE-ljusenergier som finns kvar i utrymmet för änglavärlden. När bara KE-ljuset är kvar är "promenad in i guldåldern" -processen klar.

Under "promenader in i guldåldern" -fasen skulle virvlarna långsamt snurra till en större höjd **tills de når den höjd som de borde ha** i början av guldåldern. Mötesålderns själar och *de människor som vandrar in i den gyllene åldern* kommer att leva tillsammans under en tid, tills virvlarna når den höjd som de borde nå.

I slutet av silveråldern, när gudarna själarnas energier förvandlas till det vanliga tillståndet, blir KE-ljusenergier mindre kraftfulla. Så KE-ljusenergier snurrar inte, som virvlar, till en stor höjd. Eftersom deras höjd sjunker SVL, kosmiska fält, SVD och den verkliga världen i kvantvärlden. Sedan under andra halvcykeln fortsätter de att sjunka djupare in i kvantvärlden.

Virvlarnas höjd hade minskat enormt under den centrala mötesåldern, eftersom KE-ljuset förlorade sitt gudomliga tillstånd mycket snabbt när gudomssjälarna förlorade sitt gudomliga tillstånd **mycket snabbt**. Därefter minskade virvlarnas höjd **mycket långsamt** fram till slutet av cykeln eftersom KE ljus-energierna förlorade sin andliga styrka mycket långsamt, eftersom de mänskliga själarna tappade sin andliga styrka mycket långsamt i den fysiska världen. Slutligen, under mötesåldern, blir KE-ljuset kraftigt **mycket snabbt,** eftersom mötesålderns själar återvinner sin andliga styrka mycket snabbt. Så höjden på virvlarna ökar **mycket snabbt** i slutet av cykeln. När de mötesålderns själar tar ett högt hopp till det gudomliga tillståndet, aktiverar Guds energier (som släpps ut genom dem) det kosmiska medvetandet som ligger i utkanten av den fysiska världen. Eftersom KE-ljusenergier blir kraftigare snurrar de till en högre höjd (som virvlar) och kommer in i änglavärlden. Sedan kommer den verkliga världen att materialiseras, ovanför kvantvärlden, i utrymmet för änglavärlden.

När virvlarna snurrar till en högre höjd kommer mittregionen att röra sig längre bort från den fysiska världen eftersom SVL tar över utrymmet i änglavärlden. Samtidigt lämnar mittelementen änglavärlden, medan Gud och Brahm-elementet går tillbaka till själavärlden med de mänskliga själarna. Därefter kommer mittelementet i mittregionen att vara i perfekt skick eftersom de kommer att ockupera sitt ursprungliga utrymme mellan den fysiska världen och själavärlden. Under den andra halvcykeln, när SVL befinner sig inom kvantvärlden, fick mittelementen utdelning när de spridit sig till SVL: s område. Således förlorade de sitt perfekta tillstånd.

Under den första halvcykeln kommer SVL att ligga över kvantvärlden. Människorna, under den första halvcykeln, kommer inte att befinna sig inom kvantvärlden eftersom de är odödliga. Båda, SVL och kvantvärlden är en del av den fysiska världen. Så folket kommer under första halvcykeln fortfarande att vara i den fysiska världen när SVL är över kvantvärlden. Platsen där skapelseprocessen äger rum kommer inte att ligga i kvantvärldens gräns, det kommer att ligga i gränsen till SVL.

I enlighet med naturens 2D VD, eftersom skapelseprocessen bör ske i gränserna mellan SVL och kvantvärlden, ger virvlarna *KE ljus och kvantdimensioner* inom detta område. Vissa av dessa *KE-ljus- och kvantdimensioner* kommer att realisera den verkliga världen, som den verkliga kvantdimensionen. Därför kan den verkliga världen ligga inom gränsen för kvantvärlden, som den är i den andra halvcykeln, eller så kan den ligga inom gränsen för SVL som den är i den första halvcykeln.

Mycket tät *KE ljus- och kvantenergier* realiseras den verkliga världen under andra halvcykeln eftersom den verkliga världen är längre nere, **nära spetsen av virveln.** *KE ljus- och kvantenergier* som **inte är täta** materialiserar den verkliga världen under första halvcykeln eftersom den verkliga världen är högre upp, nära toppen av virveln. Guds energier, bortom den nuvarande den fysiska världen, skapar denna himmelska Guldåldersvärld i en högre dimension, även om gyllene ålders verkliga världen också kommer att ockupera samma utrymme som vår verkliga värld nu. Det kommer att vara som om en lättare värld försvinner för att existera i vår verkliga värld. Eftersom det kommer att vara en mycket ”lätt” (inte tät) värld kommer den att vara en himmelsk plats. Det kommer också att vara himmelsk eftersom allt i den fysiska världen är i deras rena perfekta gudomliga tillstånd och själar bara kan uppleva lycka. Ingen upplever olycka under guldåldern. Olycka eller sorg kan bara upplevas under andra halvcykeln. Enligt kunskapen om Brahma Kumaris är "himlen" guld- och silveråldern på jorden.

I början av mötesåldern, när KE-ljusenergier projiceras bortom den fysiska världen, projiceras de också bortom holografiska universum under andra halvcykeln (nedan kallat det gamla holografiska universum). Den subtila regionen är inte en del av det gamla holografiska universum eftersom det gamla holografiska universum är en del av den fysiska världen som finns under andra halvcykeln. Men den subtila regionen är som en förlängning av det gamla holografiska universum eftersom:

1. Den subtila regionen är för omvandlingen av Kaliyugs fysiska världen till den rena perfekta gudomliga fysiska världen.

2. Mötesålderns själar använder fortfarande kroppar i den fysiska världen, även om **deras medvetande är bortom den fysiska världen.** BK: er har sitt medvetande i den subtila regionen, även om de fortsätter att använda sina kroppar på jorden för service, göra andliga ansträngningar, etc. BK: er använder kroppsliga kroppar som **främmande väsen till denna fysiska värld** eftersom deras faktiska hem är i den subtila regionen.

3. En del av KE ljus finns i det subtila området. Denna utvidgade region i det holografiska universum ligger dock utanför den fysiska världen. Det är i mellanregionen och inte i den fysiska världen. Således kan inte änglavärlden ses som en del av det gamla holografiska universum. Änglavärlden finns *i mittregionens värld.*

En subtil dimension är en del av ett holografiskt universum. Änglavärlden är emellertid inte en del av det gamla holografiska universum eftersom änglavärlden används för att skapa det **nya gudomliga holografiska universum** under den **första halva cykeln** (hädanefter kallade det "**gudomliga holografiska universum**"). Följaktligen är den änglavärlden inte en del av det gamla holografiska universum, även om det är anslutet till det gamla holografiska universum eftersom BKs fortfarande använder den gamla fysiska världen under världstjänst. Åldrarna om Mötesåldern är i den lyckosamma samvetsålders holografiska världen som ligger utanför det gamla holografiska universum. Denna lyckosamma Mötesåldern holografiska värld är ansluten till det nya gudomliga holografiska universum som skapas genom mötesåldern. Den subtila regionen kan sägas vara en del av det nya gudomliga holografiska universum, som skapas, eftersom:

1. Det gudomliga holografiska universum skapas genom mötesåldern.

2. Mötesålderns själar håller på att förvärva sin förmåga att *använda en gudomlig holografisk kropp under första halvcykeln*. Den gudomliga holografiska kroppen kommer att materialisera en perfekt fysisk kropp för dem under första halvcykeln.

Gud skapade den subtila regionen för skapandet av det gudomliga holografiska universum. Utrymmet, där änglavärlden finns i, kommer att bli en del av det nya gudomliga holografiska universum. När den gyllene åldersvärlden materialiseras blir utrymmet i änglavärlden SVL: s rymd i det gudomliga holografiska universum. Detta nya gudomliga holografiska universum tar över från det gamla holografiska universum. Det kommer inte att finnas något kaos i det gudomliga holografiska universum. Allt händer på ett ordnat sätt.

Eftersom det holografiska universum expanderar för att bli större, skulle *den fysiska världen under den* ***första*** *halvcykeln* innehålla det utrymme som ligger utanför den nuvarande fysiska världen. Energierna i högre dimensioner är mindre täta. Således skulle mycket fina och ljusa energier växa fram, från virvlarna, för att materialisera den nya gyllene åldriga verkliga världen i utrymmet för änglavärlden Till och med kvantenergierna som dyker upp i SVL: s gräns, för att realisera den verkliga världen, kommer att vara mindre täta eftersom de skulle dyka upp nära toppen av virvlarna. När den nya gyllene åldriga verkliga världen materialiseras genom dessa mindre täta *KE-ljus- och kvantenergier*, kommer det att vara som den verkliga världen har lyfts in i den högre dimensionen genom mötsåldern. Kropparna hos dem som går in i guldåldern skulle bestå av mycket fina, mindre täta, lättare energier. Dessa människor kommer att bo på de platser där själva Mötesåldern beror på att området runt de mäktiga BK: erna kommer att förvandlas innan resten av världen förvandlas. Därför kommer de som *går in i guldåldern* och de som *tillhör Shankers sammankomst* att leva tillsammans på jorden (i den nya verkliga världen).

När den gyllene åldersvärlden är på väg att verka, flyttar det kosmiska medvetandet in i änglavärlden. Därför flyttar SVL in i änglavärlden. Sedan den gyllene åldern börjar materialiseras kommer kvantenergierna att dyka upp i området där Brahmapuri finns. Innan detta, under mötesåldern, fanns det inga kvantenergier inom änglavärlden. Kvantenergier kommer bara in i änglavärlden när SVD för första halvcykeln börjar existera i SVL: s gräns. Sedan SVD lyfts in i Brahmapuri är det som om de som spelade rollen som Brahma har förvandlat «världen», där de bodde, till den nya himmelska världen.

Eftersom det finns BKs över hela världen har Brahma Babas aurafält expanderat till hela världen. Mötesålderns aurafält är en del av änglakroppen eftersom det vibrerar ut från änglakroppen. Eftersom Brahma Babas aurafält omger hela världen är det därför som om Brahma Babas änglakropp också omger hela världen.

Under den första halvcykeln, eftersom energierna i det kosmiska medvetandet är mer kraftfulla, är dess ”strand” (SVL: s gräns) också större. Inom detta större område kommer det att finnas det kosmiska fältet, 2D SVD och 3D SVD. Kvantvärlden skulle under den första halvcykeln vara lättare eftersom:

1. det finns inga orena energier i den.
2. En hel del av energierna har lyfts ur den.
3. energierna i kvantvärlden skulle vara "lättare" eftersom de är motsvarigheten till det **gudomliga** kosmiska medvetandet.
4. energierna i kvantvärlden skulle påverkas att förbli "lättare" eftersom de är nära **kraftfulla energier** som finns i SVL.

Det finns ingen **permanent** subtil region, utöver den fysiska världen. Den subtila regionen finns endast under Mötesåldern för världsomvandling. Vidare kommer den subtila regionen endast att finnas för en BK, när BK: s medvetande tas bortom den fysiska världen. Den subtila regionen kommer att existera där själens energier är. Det är först när den gyllene åldersvärlden materialiseras, i den engelska världens dimension, att en "värld" börjar existera **permanent** i denna dimension. Så en ny ”värld” skapas, inom denna dimension, genom mötesåldern När *KE-ljus och kvantenergier* börjar realisera den verkliga världen i utrymmet för änglavärlden världen, tar Gud tillbaka alla mänskliga själar till själen. Endast de som tar hand om guldåldersvärlden kommer att finnas kvar. När de lämnar sina kroppar kommer de också att gå tillbaka till själavärlden.

Gud kommer att hjälpa dem att återvända till självärlden. Även om detta tar slut på cykeln, är det inte "slutet" eftersom det gudomliga holografiska universum uppstår.

♛♛♛ ♛♛♛

**Slutet**

Fler förklaringar kommer att ges om det holografiska universum, världsdrama, chakra, aurafält, subtila kroppar, natur, skapelseprocess, hur hjärnan används av själen, utlänningar etc. i mina efterföljande böcker.

Lista över BK Paris böcker finns på: http://www.gbk-books.com

BK Paris artiklar finns på: http://www.brahmakumari.net

# Figure 1

## Corporeal World and Holographic Universe during the **Second Half Cycle**

1. Depths of the SWL
   Ocean of QE Light Energies or QE Light Ocean (Cosmic Consciousness)
2. Border of the SWL
   (Shore of the QE Light Ocean)

} SWL

3. Cosmic Field
   (in the border between the SWL and Quantum World, around the edge of the SWL)
4. 2D SWD or 2D Subtle World Drama
   (part of the Akashic Records)
5. First Field
6. Second Field

} Quantum Ocean or Unified Field (Ocean of QE Light and Quantum Energies) that provides the 3D SWD (3D Subtle World Drama) which is the holographic form of the World Drama

7. Real World
8. Black Energy Field

} dimensions wthin the Upper Part in the Border of the Quantum World

9. Lower Part in the Border of the Quantum World
   (Shore of the QE Ocean)
10. Depths of the Quantum World
    (*Ocean of Quantum Energies* or QE Ocean)

# Figure 2

## Corporeal World and Holographic Universe during the **First Half Cycle**

1. Depths of the SWL
   Ocean of QE Light Energies or QE Light Ocean (Cosmic Consciousness)
2. Upper part in the Border of the SWL
   (Shore of the QE Light Ocean)
3. Cosmic Field
4. 2D SWD or 2D Subtle World Drama
   (part of the Akashic Records)
5. First Field
6. Second Field

   Quantum Ocean or Unified Field (Ocean of QE Light and Quantum Energies) that provides the 3D SWD (3D Subtle World Drama) which is the holographic form of the World Drama
7. Real World (the material world which we live in on earth)

   (3.–7.: dimensions wthin the Lower Part in the Border of the SWL)
8. Black Energy Field
   (between the SWL and the Quantum World, a dimension of the quantum energies around the edge of the Quantum World)
9. Border of the Quantum World
   (Shore of the QE Ocean)
10. Depths of the Quantum World
    (*Ocean of Quantum Energies* or QE Ocean)

    (9.–10.: Quantum World or Garbhodaka Ocean)

# Andra böcker skrivna av Brahma Kumari Pari

1. Grow Rich while Walking into the Golden Aged World (with Meditation Commentaries)[1]

2. Refresh and Heal Yourself through Meditation[2]

3. How to Think[3]

OBS: En e-bok kan laddas ner gratis strax efter att e-boken har publicerats. Så prenumerera på Paris e-postlista (på http://www.gbk-books.com/mailing-list.html) så att du blir informerad när en ny e-bok har publicerats; som en konsekvens av detta kommer du att kunna ladda ner din gratis kopia.

---

1. http://www.gbk-books.com/book-2.html

2. http://www.gbk-books.com/book-3.html

3. http://www.gbk-books.com/book---how-to-think.html

# Din recension och dina muntliga rekommendationer gör skillnad

Recensioner och muntliga rekommendationer är viktiga för alla författare för att de ska lyckas. Om du tyckte om den här boken uppskattas en recension, om det så bara är en eller två rader. Berätta gärna också om den för dina vänner. Det kommer att hjälpa författaren att komma ut med nya böcker och också att låta andra få glädje av boken.

Ditt stöd är mycket uppskattat!

# Letar du efter fler läsvärda böcker?

**Dina böcker, ditt språk**

Babelcube Books hjälper läsare att hitta bra läsning. Deras roll är att para ihop dig och din nästa bok.

Vår samling består av böcker som skapas hos Babelcube, en marknadsplats som parar ihop oberoende författare och översättare samt distribuerar deras böcker, globalt på flera språk. De böcker du kommer att finna har blivit översatta för att du ska upptäcka fantastisk läsning på ditt språk.

Vi är stolta över att ge dig en värld av böcker.

Besök oss på vår webbplats om du vill veta mer om våra böcker, bläddra i vår katalog och prenumera på vårt nyhetsbrev för att ta del av våra senaste utgåvor

Made in the USA
Monee, IL
31 May 2022